模糊数学与系统及其应用丛书 4

直觉模糊偏好关系群决策理论与方法

万树平　王　枫　董九英　著

科学出版社

北　京

内 容 简 介

本书主要研究直觉模糊值的排序方法，考虑群体一致性的直觉模糊偏好关系的群决策方法和基于直觉模糊偏好关系的群决策方法. 全书共6章，包括绪论、直觉模糊偏好关系和群决策的相关概念及理论基础、直觉模糊值的排序方法、考虑群体一致性的直觉模糊偏好关系群决策方法、基于直觉模糊偏好关系的群决策方法、结论与展望等. 书中主要内容是作者长期从事管理决策分析的研究成果.

本书可作为高等院校相关专业本科生和硕士研究生的教材，也可供政府部门、科研机构的科技工作者以及从事相关专业的管理人员参考与借鉴.

图书在版编目(CIP)数据

直觉模糊偏好关系群决策理论与方法/万树平，王枫，董九英著. —北京：科学出版社，2019.11
(模糊数学与系统及其应用丛书；4)
ISBN 978-7-03-061965-5

Ⅰ. ①直… Ⅱ. ①万… ②王… ③董… Ⅲ. ①决策论 Ⅳ. ①0225

中国版本图书馆 CIP 数据核字(2019) 第 163708 号

责任编辑：李 欣 李 萍 / 责任校对：彭珍珍
责任印制：吴兆东 / 封面设计：无极书装

科学出版社 出版
北京东黄城根北街 16 号
邮政编码：100717
http://www.sciencep.com
北京凌奇印刷有限责任公司印刷
科学出版社发行 各地新华书店经销
*
2019 年 11 月第 一 版 开本：720 × 1000 1/16
2024 年 3 月第三次印刷 印张：8
字数：161 000
定价：68.00 元
(如有印装质量问题，我社负责调换)

《模糊数学与系统及其应用丛书》序

自然科学和工程技术, 表现的是人类对客观世界有意识的认识和作用, 甚至表现了这些认识和作用之间的相互影响, 例如, 微观层面上量子力学的观测问题.

当然, 人类对客观世界最主要的认识和作用, 仍然在人类最直接感受、感知的介观层面发生, 虽然往往需要以微观层面的认识和作用为基础, 以宏观层面的认识和作用为延拓.

而人类在介观层面认识和作用的行为和效果, 可以说基本上都是力图在意识、存在及其相互作用关系中, 对减少不确定性, 增加确定性的一个不可达极限的逼近过程; 即使那些目的在于利用不确定性的认识和作用行为, 也仍然以对不确定性的具有更多确定性的认识和作用为基础.

正如确定性以形式逻辑的同一律、因果律、排中律、矛盾律、充足理由律为形同公理的准则而界定和产生一样, 不确定性本质上也是对偶地以这五条准则的分别缺损而界定和产生. 特别地, 最为人们所经常面对的, 是因果律缺损所导致的随机性和排中律缺损所导致的模糊性.

与随机性被导入规范的定性、定量数学研究对象范围已有数百年的情况不同, 人们对模糊性进行规范性认识的主观需求和研究体现, 仅仅开始于半个世纪前 1965 年 Zadeh 具有划时代意义的 *Fuzzy sets* 一文.

模糊性与随机性都具有难以准确把握或界定的共同特性, 而从 Zadeh 开始延续下来的“以赋值方式量化模糊性强弱程度”的模糊性表现方式, 又与已经发展数百年而高度成熟的“以赋值方式量化可能性强弱程度”的随机性表现方式, 在基本形式上平行——毕竟, 模糊性所针对的“性质”, 与随机性所针对的“行为”, 在基本的逻辑形式上是对偶的. 这也就使得“模糊性与随机性并无本质差别”“模糊性不过是随机性的另一表现”等疑虑甚至争议, 在较长时间和较大范围内持续.

然而时至今日, 应该说不仅如上由确定性的本质所导出的不确定性定义已经表明模糊性与随机性在本质上的不同, 而且人们也已逐渐意识到, 表现事物本身性质的强弱程度而不关乎其发生与否的模糊性, 与表现事物性质发生的可能性而不关乎其强弱程度的随机性, 在现实中的影响和作用也是不同的.

例如, 当情势所迫而必须在“于人体有害的可能为万分之一”和“于人体有害的程度为万分之一”这两种不同性质的 150 克饮料中进行选择时, 结论就是不言而喻的, 毕竟前者对“万一有害, 害处多大”没有丝毫保证, 而后者所表明的“虽然有害, 但极微小”还是更能让人放心得多. 而这里, 前一种情况就是“有害”的随机性表现, 后一种情况就是“有害”的模糊性表现.

模糊性能在比自身领域更为广泛的科技领域内得到今天这一步的认识, 的确不是一件容易的事, 到今天, 模糊理论和应用的研究所涉及和影响的范围也已几乎无远弗届. 这里有一个非常基本的原因: 模糊性与随机性一样, 是几种基本不确定性中, 最能被人类思维直接感受, 也是最能对人类思维产生直接影响的.

对于研究而言, 易感知、影响广本来是一个便利之处, 特别是在当前以本质上更加逼近甚至超越人类思维的方式而重新崛起的人工智能的发展已经必定势不可挡的形势下. 然而也正因为如此, 我们也都能注意到, 相较于广度上的发展, 模糊性研究在理论、应用的深度和广度上的发展, 还有很大的空间; 或者更直接地说, 还有很大的发展需求.

例如, 在理论方面, 思维中模糊性与直感、直观、直觉是什么样的关系? 与深度学习已首次形式化实现的抽象过程有什么样的关系? 模糊性的本质是在于作为思维基本元素的单体概念, 还是在于作为思维基本关联的相对关系, 还是在于作为两者统一体的思维基本结构, 这种本质特性和作用机制以什么样的数学形式予以刻画和如何刻画才能更为本质深刻和关联广泛?

又例如, 在应用方面, 人类是如何思考和解决在性质强弱程度方面难以确定的实际问题的? 是否都是以条件、过程的更强定量来寻求结果的更强定量? 是否可能如同深度学习对抽象过程的算法形式化一样, 建立模糊定性的算法形式化? 在比现在已经达到过的状态、已经处理过的问题更复杂、更精细的实际问题中, 如何更有效地区分和结合“性质强弱”与“发生可能”这两类本质不同的情况? 从而更有效、更有力地在实际问题中发挥模糊性研究本来应有的强大效能?

这些都是模糊领域当前还需要进一步解决的重要问题; 而这也就是作为国际模糊界主要力量之一的中国模糊界研究人员所应该、所需要倾注更多精力和投入的问题.

针对相关领域高等院校师生和科技工作者, 推出这套《模糊数学与系统及其应用丛书》, 以介绍国内外模糊数学与模糊系统领域的前沿热点方向和最新研究成果, 从上述角度来看, 是具有重大的价值和意义的, 相信能在推动我国模糊数学与模糊系统乃至科学技术的跨越发展上, 产生显著的作用.

为此, 应邀为该丛书作序, 借此将自己的一些粗略的看法和想法提出, 供中国模糊界同仁参考.

罗懋康

国际模糊系统协会 (IFSA) 副主席 (前任)

国际模糊系统协会中国分会代表

中国系统工程学会模糊数学与模糊系统专业委员会主任委员

2018 年 1 月 15 日

前　　言

随着科学技术的发展, 无线射频识别 (radio frequency identification, RFID) 作为一种有效的通信技术, 已经受到了企业的广泛关注. RFID 供应商根据行业发展和企业自身特点为企业制订相应的 RFID 应用方案, 也就是 RFID 解决方案. 对于企业而言, 选择合适的 RFID 解决方案对于 RFID 技术的实施是否成功起着决定性的作用. 在当今的供应链环境下, 第三方物流不断发展壮大, 其在供应链协同上的作用也越发明显. 企业的物流外包逐渐被视为一种战略行为, 而作为物流外包成功关键因素——物流外包服务商的选择, 也日渐受到人们的重视. RFID 技术的选择和物流外包服务商的选择问题均可以看成一类管理决策问题.

针对 RFID 解决方案的选择和物流外包服务商的选择等实际的管理决策问题, 如何提出一些科学合理的方法解决这些决策问题就显得尤为重要和紧迫. 通常, 这类问题可以通过基于直觉模糊偏好关系的群决策方法解决. 然而目前有关直觉模糊偏好关系的群决策方法研究还存在着三个不足：一是现有的优先级权重导出方法仅是通过尽可能地满足直觉模糊偏好关系的一致性求解, 但当直觉模糊偏好关系特别不一致时, 直接使用此类方法会产生不合理的结果; 二是很多群决策方法忽略了群体一致性; 三是尽管有些群决策方法考虑了群体一致性, 但这些方法经常人为地设定群体一致性阈值, 很难避免主观随意性.

为弥补以上不足, 本书根据专家的知识水平提出了两种基于直觉模糊偏好关系的群决策方法, 并分别将其应用于 RFID 解决方案选择和物流外包服务商选择问题中. 本书研究的主要内容如下.

(1) 基于逼近理想解排序法 (technique for order preference by similarity to ideal solution, TOPSIS), 分别定义了直觉模糊值到正、负理想直觉模糊值的距离, 进而得到了直觉模糊值的接近度. 根据直觉模糊值的几何表示, 定义了直觉模糊值的可信度. 我们证明了直觉模糊值的接近度和可信度可以组成一个区间数. 结合直觉模糊值的接近度和可信度, 提出了直觉模糊值的字典序排序方法. 考虑专家的风险态度, 基于连续有序加权平均算子, 定义了基于风险态度的直觉模糊值排序测度, 进一步地提出了基于风险态度的直觉模糊值排序方法. 针对具有不完全属性权重信息的直觉模糊多属性决策问题, 通过构建分式规划模型, 确定属性权重. 利用直觉模糊加权平均算子集成得到方案的综合属性值, 根据所提出的基于风险态度的直觉模糊值排序测度, 得到方案综合属性值的排序, 从而给出方案的排序. 据此提出了一种新的不完全属性权重信息的直觉模糊多属性决策方法. 某电商公司物流外包服务商选择实例分析, 表明了所提出方法的优越性.

(2) 在专家知识水平较高的情况下, 专家能够给出合理的直觉模糊偏好关系, 此时仅需要考虑决策群体的一致性. 因此, 本书提出了考虑群体一致性的直觉模糊偏好关系的群决策方法. 在此方法中, 为了尽可能地达到群体一致, 我们建立了直觉模糊数学规划模型, 求解专家的权重. 根据不同的隶属函数和非隶属函数的构建, 分别提出了乐观、悲观和混合三种方法求解所建立的直觉模糊数学规划模型. 为从群体直觉模糊偏好关系中获得方案的排序, 我们将非优势度和优势度推广到直觉模糊环境. 基于非优势度和优势度, 提出了一个新的二阶段排序方法, 对方案进行排序. 结合某公司 RFID 解决方案选择实例分析, 核实了所提出的方法的有效性.

(3) 在专家知识水平较低的情况下, 专家很难给出合理的直觉模糊偏好关系, 此时需要同时考虑群体的一致性和直觉模糊偏好关系的一致性. 因此, 本书提出了基于直觉模糊偏好关系的群决策方法. 在此方法中, 专家的权重通过 TOPSIS 方法定义的贴近度获得. 利用专家的权重集结个体直觉模糊偏好关系, 得到群体直觉模糊偏好关系. 根据直觉模糊偏好关系的一致性定义, 建立直觉模糊数学规划模型. 考虑专家的风险态度, 分别提出了乐观、悲观和混合三种方法求解此模型, 用以导出群体直觉模糊偏好关系的优先级权重. 根据方案的优先级权重, 不仅可以给出方案的排序, 同时还能反映出一方案优于另一方案的程度. 某汽车公司物流外包服务商选择实例分析验证了此方法的优越性和实用性.

本书主要内容来自作者发表的多篇国际主流 SCI 期刊论文. 另外, 本书得到了国家自然科学基金 (基于三角直觉模糊数的多属性群决策理论与方法及其应用研究 (No. 61263018)) 的资助, 在此表示感谢!

万树平　王　枫　董九英

2019年3月　江西南昌

目 录

第 1 章　绪　　论

1.1　研究背景和意义

作为构建物联网的关键技术——无线射频识别 (radio frequency identification, RFID) 技术近年来受到了人们的广泛关注. RFID 技术是一种非接触式的自动识别技术, 它通过射频信号自动识别目标对象并获取相关数据, 无须人工干预, 可工作于各种恶劣环境. 与传统的条形码相比, RFID 具有许多优势. 因此, 越来越多的企业开始将 RFID 技术应用在身份识别和门禁控制、供应链和库存跟踪、汽车收费、生产控制和资产管理等方面. 沃尔玛百货曾要求其所有供货商都要使用 RFID 标签, 以改善其超市的供应链管理, 进一步降低成本, 尤其是减少与库存流程相关的物流失误并降低人力成本. 据估计, 沃尔玛百货应用 RFID 技术以后, 每年节省成本可达 84 亿美元. 俄罗斯的未来商店, 也已经为试点的超市实施 RFID 解决方案. RFID 技术的成功实施为企业创造了巨大的收益, 但由于技术、成本和风险等问题, 选择合适的 RFID 解决方案对于企业 RFID 技术的实施成功起着决定性的作用.

RFID 解决方案的选择问题, 可以归结为一类管理决策问题. 因此, 针对 RFID 解决方案的选择等实际的管理决策问题, 如何提出一些科学合理的方法进行解决就显得尤为重要和紧迫.

另外, 随着全球化经济的迅猛发展、社会分工的进一步细化以及信息技术的快速进步, 现代企业之间日趋激烈的竞争使之跨入了微利时代, 开发新的利润空间成了亟待解决的难题. 每个企业都逐渐意识到新时代的竞争不但要在技术、人才等方面展开, 更要不断地寻找维持企业可持续发展的方法与战略. 供应链管理的发展为企业提供了解决这个问题的新的方法, 它促使企业着重发展有核心竞争力的业务, 将非核心业务以外包或者委托的方式交给具有专业服务质量的合作伙伴. 这样, 通过信息资源的共享、专业化管理的获取以及协同合作的方式, 有效地将企业内外部的资源整合起来, 从而达到提高企业总体竞争力的最终目的. 物流活动因其系统性、复杂性的特点, 占用了企业大量资源, 对企业的成本影响很大, 但是一般情况下物流活动却属于企业的非核心业务, 所以, 物流外包愈来愈得到企业的青睐, 并且成为企业物流活动的战略运作模式.

近二十年来, 物流外包活动飞速发展, 第三方物流市场不断发展壮大, 在供应链中的协同作用也日益明显. 企业逐步将物流外包作为企业的一种战略行为, 物流外包的对象也由简单发展到复杂, 由单一功能过渡到多功能; 第三方物流业务逐渐向外延伸, 从单一的货物仓储与运输逐步向信息系统、库存、客户关系管理等各个方面综合发展. 虽然物流外包成功的案例不断涌现, 如冠生园集团、上海通用汽车等, 但在实践过程中, 外包业务的复杂性、市场因素的多变性以及企业内外部环境的动态性使得物流外包失败的风险扩大、失败的因素日益增加. 这些失败风险因素的内容主要包括[1−3]: 物流失控、信息不对称、核心信息泄露、不匹配的供需服务、监督与评价体系不完善、合同风险等. 如何正确把握复杂多变的内外部环境并根据自身的需求选择合适的物流外包服务商, 直接关系到企业的物流外包决策成功与否. 因此, 对物流外包这一论题的研究, 具有重要的理论意义和现实意义.

企业进行物流外包的目标在于借助专业物流公司的专业化管理、先进核心技术和规模效应等方面, 着力发展自己的核心竞争力, 同时降低物流成本, 提高物流服务质量. 但是在物流外包盛行的同时, 伴随而来的复杂因素也令企业不得不慎重决策. 从战略方面考虑, 企业担心随着与服务商合作的深入, 信息共享的强度增加, 自身承担的失去核心竞争力的风险也越来越大, 加上对外包服务商依赖程度加深, 这些很可能导致对自身物流活动失控; 从成本方面考虑, 物流绩效监督体系的不完善以及信息的不对称, 导致成本控制的困难; 从风险方面考虑, 在中国第三方物流服务商的服务与管理能力参差不齐的现阶段, 企业在物流外包服务商的选择上缺乏一套科学规范的方法, 造成企业的物流需求与服务商提供的服务不匹配, 甚至导致合同风险. 但不可否认的是, 企业对物流外包服务商的需求越来越多, 对服务质量的需求也越来越高, 因此, 构建一套科学可行的决策工具辅助企业进行物流外包服务商选择是非常必要的.

考虑到现实生活中, 无论是评估 RFID 技术的标准还是物流外包服务商的标准均具有多样性, 针对此类决策问题确定合理的评价属性是非常困难的. 因此可将此类管理决策问题看作一类基于偏好关系的群决策问题. 在很多决策问题中, 专家 (决策者) 对事物的认识通常具有不确定性, 很难准确地描述事物. 这种不确定性就表现为一种模糊性, 在决策中占有重要的地位, 因此诞生了模糊决策问题. 在实际评估中, 由于客观事物的复杂性和人类思维的模糊性, 专家在对方案进行两两比较的判断时通常具有一定的犹豫度, 给出方案的偏好信息为直觉模糊值, 也就是说, 专家的评价信息是以直觉模糊偏好关系的形式给出的. 目前, 基于直觉模糊偏好关系的群决策问题已经引起了不同领域的研究者的高度重视.

群决策问题是现代决策科学的重要研究内容. 目前, 关于群决策方法的研究已经取得了许多成果, 主要有多属性群决策方法和基于偏好关系的群决策方法. 前者需要事先确定合理的评价属性集, 然而要合理地确定评价属性集是很困难的, 而且选择的属性一般不是完全相互独立的, 因此专家很难准确地给出方案在每个属性的评价信息. 目前, 有关偏好关系的群决策方法的研究相对较少, 而且这些研究成果主要集中在基于模糊偏好关系的群决策问题中. 因此, 研究基于直觉模糊偏好关系的群决策理论与方法, 具有重要的理论价值和现实意义.

关于直觉模糊偏好关系的群决策理论和方法的研究相对较少, 究其原因主要是直觉模糊偏好的一致性和群决策中专家的一致性难以合理地确定. 倘若能有效地解决这个问题, 构建合理的直觉模糊数学规划模型, 并给出有效的求解方法, 不仅能为解决基于直觉模糊偏好关系的群决策问题奠定理论基础并提供决策依据, 而且也促进了基于直觉模糊偏好关系的群决策问题走向实用化, 使得此类问题具有重要的实用价值. 据此, 探讨基于直觉模糊偏好关系的群决策理论与方法, 对拓展直觉模糊集在决策领域的研究具有积极的意义, 同时也对丰富模糊决策的研究内容、发展现代决策科学的理论与方法起着一定的推动作用.

随着现代社会经济环境的复杂性不断增加、商业竞争的日益加剧, 许多现实的决策问题, 例如, RFID 解决方案选择、物流外包服务商选择、绿色供应商选择、风险投资项目选择、人事选拔考核等, 都可以归结为基于直觉模糊偏好关系的群决策问题. 考虑方案两两偏好信息, 更加符合实际, 对解决模糊群决策问题具有重要的现实意义. 为此, 本书从探讨直觉模糊偏好关系的一致性和群决策问题中专家的一致性的模型构建入手, 深入研究基于直觉模糊偏好关系的群决策理论与方法, 为解决这类实际管理决策问题, 尤其为 RFID 解决方案选择问题和物流外包服务商选择问题, 提供新思路、新方法与技术支持.

1.2 国内外研究现状

下面分四个方面阐述国内外研究现状: 直觉模糊值的排序方法、直觉模糊偏好关系的群决策方法、RFID 解决方案选择的决策方法, 以及物流外包服务商选择的决策方法.

1.2.1 直觉模糊值的排序方法研究现状

Zadeh[1] 于 1965 年提出了模糊集 (fuzzy set) 的概念, 建立了模糊集理论, 这是对经典的康托尔 (Cantor) 集理论的推广. 模糊集将经典集合的二值逻辑推广到区间内的连续逻辑, 可以更好地处理现实生活中的模糊问题, 因此受到了人们的重视, 并得以广泛的运用. 之后, 在模糊集的基础上, Atanassov[2] 于 1986 年提出了直觉模糊集 (intuitionistic fuzzy set, IFS) 的概念, 使得模糊集理论得到了进一步推广. 直觉模糊集因其能更准确地同时反映专家的隶属度、非隶属度和犹豫度信息, 在现实决策问题中获得了广泛的关注[3−5]. 直觉模糊集理论的发展与当前信息科学和决策科学的发展也有着紧密的联系, 迄今为止已形成了一个拥有理论、方法、应用并渗透到各类学科的新兴学科, 且在很多领域中都获得了卓有成效的理论成果, 得到了实际应用[6−9].

在直觉模糊集的应用中，如何给出直觉模糊值的序关系是一个重要的研究问题. 在 1999 年, Atanassov[114] 提出了直觉模糊值的偏序 (也称为 Atanassov 序). Atanassov 序可以看成一个自然序, 也就是说, 它是其他排序方法的基础. 随后, 出现了很多关于直觉模糊值排序、直觉模糊集的熵或信息量的成果. 这些成果可以粗略地分为以下两类.

第一类是使用两个或三个函数 (隶属函数、非隶属函数和犹豫度) 的组合计算给出排序方法[77−79,115,116]. Chen 和 Tan[77] 利用隶属函数和非隶属函数的差值, 提出了得分函数用于评估直觉模糊值的得分. Wu 和 Chiclana[115] 为直觉模糊值定义了新的得分函数使其值在 0 到 1 之间. 这个新的得分函数和文献 [77] 中的得分函数在排序上是等价的, 也就是说使用相同的排序准则, 它们将会给出同样的方案排序. 由于只采用得分函数不能区分很多直觉模糊值, Hong 和 Choi[78] 利用隶属函数和非隶属函数的和提出了精确函数来评估直觉模糊值的精确度. Xu[79] 结合得分函数和精确函数提出了直觉模糊值的排序算法. 之后 Liu 和 Wang[116] 根据直觉模糊点运算提出了新的得分函数. 这些排序方法虽然简单, 但是缺乏坚实的理论基础, 有待于进一步的深入分析.

第二类是使用直觉模糊值的几何表示方法[80−82,93,117−122]. 直觉模糊值的几何表示可以直观有效地刻画直觉模糊集的几何意义, 例如, 直觉模糊值的距离[80,81,94,117,118] 和熵[80−82,93,119,121,122] 等都具有明显的几何意义. Szmidt 和 Kacprzyk[80] 考虑到与直觉模糊集相关的信息量和信息可靠性, 引入了一个测度用于对直觉模糊值排序. Guo 和 Li[117] 将文献 [80] 提出的排序测度应用于基于态度的直觉模糊决策模型. Guo[81] 指出 Szmidt 和 Kacprzyk 的序[80] 仍然会在一定程度上导致不理想的结果; 并基于信息量提出了对直觉模糊值排序的新方法, 同时考虑决策者的风险态度将其拓展到基于态度的直觉模糊值排序方法. 结合 Atanassov 序[114] 与 Szmidt 和 Kacprzyk 的序[80], Ouyang 和 Pedrycz[118] 为直觉模糊值提出了一个新的容许序, 并证明该序是一个字典序. Chen, Hung 和 Tu[93] 考虑到与直觉模糊值正负理想点的距离和决策者的风险态度提出了一个新的得分函数. Szmidt, Kacprzyk 和 Bujnowski[82] 结合正负信息的内在关系和犹豫度, 定义了直觉模糊值的知识量. Pal, Bustince 和 Pagola 等[119] 提出了与 IFS 相关的非概率熵测度的公理化表示. Szmidt 和 Kacprzyk[120] 研究了直觉模糊集的非概率类型的熵测度, 这是直觉模糊集几何表示的结果. Szmidt 和 Kacprzyk[121] 继续前面的研究, 验证了直觉模糊值不同熵之间的差异. Szmidt 和 Kacprzyk[122] 考虑直觉模糊集的三个特征函数拓展了直觉模糊集的熵. 上述成果大多数都考虑了直觉模糊集三大特征函数, 尤其犹豫度函数是决定信息量的关键[81,82,93,117−122].

上述直觉模糊值的排序方法在某些具体情况下是有效的, 但是它们仍有一些不足, 具体如下:

(1) 文献 [77-79, 115, 116] 使用隶属函数和非隶属函数这些传统的方法对直觉模糊值排序, 有时会产生违反直觉的排序结果或无法获得排序.

(2) 虽然文献 [80-82, 117, 118, 120, 122] 使用距离函数定义测度用于直觉模糊值的排序, 但是它们仅考虑了与正理想点 $M(1,0,0)$ 的距离, 忽略了与负理想点 $N(0,1,0)$ 的距离.

(3) 文献 [82, 119-122] 使用熵度量信息的不确定性和信息量, 但是无法区分一个直觉模糊值 x 和它的补 x^c. 比如, 对于给定的直觉模糊值 x, 测度 $K(x)$(式 (3.5)) 与 $K(x^c)$ 的值相等, 也就是说, 直觉模糊值 x 和它的补 x^c 具有同样的不确定性. 因此, 这样的测度无法对直觉模糊值排序.

特别地, 在实际决策问题中, 不同的决策者对于风险有不同的态度. 因此, 对直觉模糊值排序时, 有必要考虑决策者的风险态度. Yager[83] 提出了连续有序加权平均 (continuous ordered weighted average, C-OWA) 算子, 其中权重可以看作决策者的态度. 之后, C-OWA 算子被用于一些排序方法中. Guo[81] 讨论了决策者的态度在不确定决策中所起的作用, 进而提出了基于态度的直觉模糊值排序方法. Wu 和 Chiclana[123] 定义了区间直觉模糊值的态度期望得分函数. Jin, Pei 和 Chen 等[124] 基于 C-OWA 算子提出了一个区间值直觉模糊连续有序加权熵.

因此, 为了克服以上不足, 本书提出了直觉模糊值信息量和可信度的测度, 然后设计了一个字典序方法用于直觉模糊值排序. 之后, 考虑决策者的风险态度, 进一步提出了基于风险态度的直觉模糊值的排序方法. 最后我们将风险态度的直觉模糊排序方法应用到不完全权重信息的直觉模糊多属性决策问题中.

1.2.2 直觉模糊偏好关系的群决策方法研究现状

随着现代科技与经济的迅猛发展, 现实的管理决策问题变得越来越复杂, 仅仅通过单个专家的判断很难得到较好的决策结果, 需要邀请多位专家共同参与决策, 因此出现了群决策研究[10−13]. 在群决策中, 各位专家需对每个候选方案进行评价, 群决策的目的就是要从多个候选方案中选择出最优方案. 通常, 专家的评价是基于决策问题的一些评估属性. 然而, 由于决策问题经常涉及多个不同的评估属性, 专家有时很难准确地给出每个方案的属性评估值. 为解决这种问题, 通过对方案进行成对比较给出偏好关系, 用来描述专家对方案的偏好信息. 在偏好关系中, 每个元素代表着一个方案优于另一个方案的强度. 截至目前, 已经出现了一系列的偏好关系, 如区间模糊偏好关系、直觉模糊偏好关系和区间直觉模糊偏好关系等[14−16].

在过去几十年, 直觉模糊偏好关系的概念已经受到了越来越多的重视, 而且关于这个概念的研究也已经取得了一些成果. Xu[17] 首先提出了直觉模糊偏好关系、一致的直觉模糊偏好关系、不完全的直觉模糊偏好关系和满意一致的直觉模糊偏好关系这些概念. 随后, 他分别提出了基于直觉模糊偏好关系的群决策方法和基于不完全直觉模糊偏好关系的群决策方法. 此外, 还有一部分研究主要分析了直觉模糊偏好关系一致性[18−20], 从不同角度给出了直觉模糊偏好关系的一致性定义. 由于将从不满意一致的直觉模糊偏好关系中得到的优先级权重用于决策是不合理的, 因此, 有必要分析直觉模糊偏好关系的一致性并从满意一致的直觉模糊偏好关系中确定优先级权重. 为了将直觉模糊偏好关系更好地应用到实际的决策问题, 很多学者提出了有价值的决策方法用于导出方案的优先级权重[20−23]. 通过分析, 有关直觉模糊偏好关系的群决策方法的研究主要集中在以下几个方面.

1.2.2.1　直觉模糊偏好关系的一致性分析

在决策过程中, 直觉模糊偏好关系的一致性必须加以检查和分析, 以保证专家偏好的传递性与合理性, 进而避免得到误导性的结果. 针对直觉模糊偏好关系的一致性定义, 现有的研究主要是在模糊偏好关系和区间模糊偏好关系的基础上拓展而来的. Xu[18] 根据区间模糊偏好关系的一致性定义了直觉模糊偏好关系的乘法一致性和加法一致性. Gong, Li 和 Forrest 等[19] 提出了不同于 Xu[18] 的直觉模糊偏好关系的加法一致性定义. Wang[20] 只使用隶属度和非隶属度定义了直觉模糊偏好关系的加法一致性. Gong, Li 和 Zhou 等[21] 将直觉模糊偏好关系分成两个模糊偏好关系, 从而定义了新的直觉模糊偏好关系的乘法一致性. Xu, Cai 和 Szmidt[22] 利用直觉模糊偏好关系的乘法传递性提出了新的乘法一致性的定义. 之后, Liao 和 Xu[23] 指出, 文献 [20] 中一致性定义存在一定的不合理性, 进而提出了新的定义, 以克服这种不合理性.

1.2.2.2　群体一致性的分析

群体的一致性是为了保证所有的专家对于候选方案所给出的意见具有合理性和一致性, 也就是为了使得决策群体达成共识. 然而, 在实际的群决策问题中, 很难使得专家群体的意见达到严格的群体一致性. 在这种情况下, Ness 和 Hoffman[24] 引入了一个软共识的概念, 用于表示群体的一致性程度不低于给定的阈值 (如 0.85) 时即可认为群体意见达到了一致性. 使用这样的概念, 很多群体一致性指标 (或群体一致性度量) 的概念被提出, 用来衡量专家群体意见的一致性程度. 通过将直觉模糊偏好关系分为两个模糊偏好关系, Szmit 和 Kacprzyk[25] 首先提出一个基于共识的测度. 之后, 根据直觉模糊集之间的距离, Szmit 和 Kacprzyk[26] 考虑所有个体的直觉模糊偏好关系和群体直觉模糊偏好关系之间的平均距离, 并将其作为一致性度量. 受偏好顺序结构评估法 (preference ranking organization method for enrichment evaluations, PROMETHEE) 的启发, Liao 和 Xu[27] 提供了一种基于级别高于关系的一致性指标. 随后, Liao, Xu 和 Zeng 等[28] 又利用个体的直觉模糊偏好关系和方案优先级权重之间的最大的距离提出了基于距离的一致性指标.

1.2.2.3 方案的选择过程

这个过程从群体直觉模糊偏好关系中导出方案的优先级权重, 进而得到方案的群体排序. 现有的确定方案优先级权重的方法主要有直接根据一致性定义建立公式推导的方法和根据一致性定义建立规划模型求解优先级权重的方法.

根据误差传播理论, Xu[29] 提出了一种基于误差分析的方法从直觉模糊偏好关系中推导出区间优先级权重. 此外, Xu 和 Liao[30] 通过将直觉模糊偏好关系转换成区间模糊偏好关系, 然后利用归一化秩和方法提出了一个简单的公式用于确定优先级权重, 特别地, 此公式可用于非一致的直觉模糊偏好关系的优先级权重的求解. 但是, 根据公式推导优先级权重的计算量较大, 同时也会导致原有的直觉模糊偏好关系和通过得到的优先级权重构建的直觉模糊偏好关系之间的误差较大.

不同于直接推导, Behret[31] 将直觉模糊偏好关系转换成区间模糊偏好关系, 然后通过讨论转换的区间模糊偏好关系和方案的优先级权重之间的关系, 建立非线性规划模型用于求解方案的优先级权重. Gong, Li 和 Zhou 等[21] 利用区间数的运算, 建立了基于区间优先级权重的一致性矩阵, 提出了目标规划方法来获得区间优先级的权重. 同时考虑方案的成对比较信息和方案有关的属性信息, Xu[18] 将直觉模糊偏好关系转换成相应的得分矩阵, 并建立线性规划模型用于求解优先级权重向量. 根据直觉模糊偏好关系的乘法一致性的定义, Liao 和 Xu[28] 通过建立数学规划模型求解方案的优先级权重. Gong, Li 和 Forrest 等[19] 发展了一种最小二乘法和目标规划集成的方法, 导出直觉模糊形式的优先级的权重. 为了求解优先级权重, Wang[20] 利用优先级权重构建了一个一致的直觉模糊偏好关系, 并通过最小化原始的直觉模糊偏好关系和构造的直觉模糊偏好关系的偏差, 建立了一个线性规划模型.

众所周知, 直觉模糊偏好关系的一致性对于优先级权重的求解非常重要. 群体的一致性和专家权重的确定是群决策中两个关键的问题. 但是上述的很多方法只给出了直觉模糊偏好关系的一致性定义, 很多规划模型求解优先级权重的方法只是尽可能地满足直觉模糊偏好关系的一致性, 当直觉模糊偏好关系特别不一致时, 直接使用此类方法会产生不合理的结果. 此外, 上述的很多研究并没有讨论如何从直觉模糊偏好关系的群决策问题中确定专家权重和合理的优先级权重. 因此, 结合直觉模糊理论, 研究基于直觉模糊偏好关系的群决策问题具有重要的理论意义和广阔的实际应用背景, 不仅可以丰富偏好关系的理论与方法, 而且能更加有效地解决现实中大量存在的群决策问题.

1.2.3 RFID 解决方案选择的决策方法研究现状

RFID 技术是一种通过无线电信号识别特定目标并读写相关数据的通信技术[32]. RFID 技术提供了一种用于组织识别和管理的工具和设备 (资产跟踪), 无需人工输入数据. 随着 RFID 技术的快速发展, 许多研究人员也开始关注于 RFID

技术. 然而, 大部分研究集中在 RFID 技术的理论研究, 例如, RFID 的私密性和安全性、RFID 应用挑战, 以及 RFID 的管理问题等. 而对于如何选择一个合适的 RFID 解决方案的决策问题, 研究相对较少, 现有的成果可大致分为以下三类.

1.2.3.1　定性分析

早期针对 RFID 解决方案的决策方法最常用的是利用定性分析来进行评估. Huber 和 Michael[33] 使用半结构化访谈方法收集信息并对 RFID 解决方案进行定性分析, 发现 RFID 的使用可以显著地减少供应链中的损失, 特别是在产品认证方面. Ngai, Cheng 和 Lai 等[34] 研究了影响实施 RFID 系统的八个关键因素, 以帮助企业更好地应对 RFID 实施过程中的问题. Tzeng, Chen 和 Pai[35] 提出了一个评估 RFID 技术商业价值的框架, 并发现了 RFID 在炼油业务流程中的业务价值.

1.2.3.2　定量分析

Lee I 和 Lee B C[36] 提出了供应链中 RFID 投资评估模型, 以最大限度地发挥 RFID 技术的价值. Trappey, Trappey 和 Wu[37] 利用模糊认知图和遗传算法开发了一种混合式的定性和定量的方法来评估 RFID 的逆向物流操作的性能. Ustundag, Kilinc 和 Cevikcan[38] 从经济角度提出了 RFID 的投资方案, 并用蒙特卡罗模拟方法来确定 RFID 投资的预期净现值. Sari[39] 提出了一种全面的仿真模型, 以帮助管理人员确定投资于 RFID 技术的合适的操作和环境条件. Qu, Simpson 和 Stanfied[40] 建立了一个马尔可夫链模型, 用来说明 RFID 为医院工作人员的时间量化带来的好处.

1.2.3.3　模糊定量分析

现在已经有一些研究人员考虑了 RFID 解决方案选择问题中存在的模糊性和不准确性. Cebeci 和 Kilinc[41] 利用模糊层次分析法 (analytic hierarchy process, AHP), 提出了如何选择最合适的 RFID 解决方案的多属性决策支持方法. Lin[42] 采用了模糊德尔菲 (Delphi) 法和模糊 AHP 法来分析 RFID 解决方案性能等级的评估, 其中评价信息采用三角模糊数表示. Wang, Lee 和 Cheng[43] 采用了 TOPSIS 法, 有效地评估合适的 RFID 解决方案, 其评价信息由三角模糊数表示. 用梯形模糊数表示预期现金流和预期成本的现值, Lee Y C 和 Lee S S[44] 提出了一个 RFID 解决方案的选择方法, 并将其应用在供应链中. Sari[45] 综合蒙特卡罗模拟、模糊 AHP 法和模糊 TOPSIS 法开发了一种新的混合模糊多属性决策方法, 并应用到 RFID 解决方案的选择. Chuu[46] 利用 2 元语义表示 RFID 解决方案的信息, 提出了模糊多属性群体决策算法和最大熵有序加权平均算法.

上述方法可以有效地选择 RFID 解决方案, 然而, 它们不能解决所有类型的问题, 并且有一定的局限性:

(1) 对 RFID 解决方案的定性研究[33−35] 主要集中在一些基本的概念上, 它缺乏定量模型而且并不适合复杂的实际问题. 与此同时, 定性研究在很大程度上会取决于研究者与研究对象的选择, 有较大的主观性. 因此, 随着决策问题越来越复杂, 利用定性方法, 对 RFID 解决方案进行选择是不合理的. 相反, 定量研究可以为复杂的决策问题提供更准确的判断, 在实际应用中更有说服力.

(2) 第二类和第三类方法[36−46] 中评估的属性信息均以实数或模糊数表示. 针对现实生活中的一些决策问题, 专家通常需要依靠直觉和经验来评价方案的属性值信息, 考虑到决策过程中的复杂性和专家的各种主观因素, 直接用实数或模糊数表示这种评价信息是不切实际的. 而直觉模糊集[2] 同时考虑了隶属度和非隶属度, 相比实数和模糊数而言在处理模糊性和不确定性方面更为灵活实用.

(3) 一些多属性决策方法[36−43] 只考虑了单个专家对决策问题中的方案进行评价, 这些方法不能用于解决群决策的问题. 随着现实中决策问题越来越复杂, 单个专家无法对整个决策问题给出合理的评估. 理想的情况下, 应该使用专家群体进行评价, 因为专家群体相比个人有更全面的知识, 相应地也能做出更好的决策. 因此, 将 RFID 解决方案的选择问题看成一类群决策问题, 可以使决策结果更加合理可靠.

1.2.4 物流外包服务商选择的决策方法研究现状

物流外包服务商选择的决策方法是企业在做出正确的物流外包决定后面对的最大难题, 其选择的科学性、全面性和准确性直接关系到物流外包战略的成败, 也是众多学者研究关注的热点和难点.

物流外包服务商选择问题早期的研究集中在使用成本交易理论 (TCE)[47] 上. 成本交易理论提供了一个基本的框架, 为了解客户外包的缘由, 以及外包服务提供商的行为维度, 以确定客户的交易成本. 然而, 成本交易模型在物流外包服务商选择问题中的应用还存在一些不足[48]. 比如, 成本交易模型只关注于成本最小化, 另一方面, 成本交易模型假设公司或者企业是稳定的, 无法充分地处理动态的情形[49]. 之后, 当评估和选择物流外包服务商时, 出现了很多定性评价的方法, 例如, 直观判断方法、投标方法和谈判选择方法等. 上述基于定性评价的方法比较简单, 适合于早期功能单一的物流外包服务商选择问题. 近年来, 核心竞争力、风险分析和组织柔性等战略问题对企业越来越重要. 这一变化趋势引起了研究人员和从业人员对外包物流决策方法的重视. 物流外包决策方法的现有成果大致可以分为以下两类.

(1) 第一类是多属性决策, 比如层次分析法 (AHP)、网络分析法 (ANP)、偏好顺序结构评估法 (PROMETHEE)、平衡记分卡法和逼近理想解排序法 (technique for order preference by similarity to ideal solution, TOPSIS) 等. 例如, Gupta, Sachdeva 和 Bhardwaj[50] 运用模糊 Delphi 和模糊 TOPSIS 相结合的方法提出一个对物流外包服务商排序并选择最优服务商的决策框架, 并着重考虑各决策者经验、素质、职位的不同而对其赋予不同的权重. Zhang H, Zhang G 和 Zhou[51] 首先运用主成分分析法选择主要的评价指标, 然后利用灰色关联分析法确定综合决策因子并对物流外包服务商进行排序. Liu 和 Wang[52] 提出了一个物流外包服务商选择和评估的综合模糊方法. 他们首先运用模糊 Delphi 法筛选出主要的评估指标; 其次通过模糊推理方法对物流外包服务商进行初步的甄选; 最后在初步甄选后的基础上运用模糊线性分配法对服务商做出最终选择. Chen, Goan 和 Huang[53] 针对物流外包服务商的选择首先使用谈判机制确定潜在的服务商范围, 然后利用 AHP 方法与模糊理论对潜在服务商进行评价选择. Ho, He 和 Lee 等[54] 从考虑股东利益及企业目标的角度出发, 运用质量功能展开法 (QFD) 将股东要求转化成了 20 个评估指标, 而后再运用模糊 AHP 法对其进行排序, 即对每个评估指标赋予权重, 进而结合各项指标的属性值对各物流外包服务商进行选择. Hsu, Liou 和 Chuang[55] 运用决策实验与评价法 (DEMATEL)、灰色关联分析 (GRA) 与网络 ANP 相结合的方法, 来解决物流外包服务商的选择问题. Yang, Kim 和 Nam 等[56] 确定影响业务流程外包决策的因素, 然后使用层次分析法构建决策模型. Wang 和 Yang[57] 提出了 AHP 和 PROMETHEE 的集成方法, 应用于信息系统外包决策. Jharkharia 和 Shankar[58] 采用 ANP 方法选择最终的物流外包供应商. 结合 DEMATEL 与 ANP 方法, Hsu 和 Liou[59] 提出了一个新的混合多准则决策模型, 用于选择物流外包供应商. Tjader, May 和 Shang 等[60] 用 ANP 和平衡记分卡法建立了一个综合决策模型, 来确定企业级 IT 外包策略. Bottani 和 Rizzi[61] 基于结构化框架提出了模糊 TOPSIS 方法, 以选择最合适的物流外包服务商.

(2) 第二类是基于数学规划的方法. Yin, Wang 和 Zhang[62] 采用了数据包络分析 (DEA) 和 0-1 目标规划法相综合的方法对供应商进行选择和评估. Işlklar, Alptekin 和 Büyüközkan[63] 在模糊环境下提出了一个实时的决策方法, 用于有效地评估和选择物流外包服务商. Liu 和 Wang[64] 采用模糊 Delphi 方法和模糊推理方法, 为物流外包服务商的评估和选择开发了一种模糊线性规划方法. 为了评价和选择最好的绿色供应商, Kannan, Khodaverdi 和 Olfat 等[65] 提出了一种整合模糊多属性效用理论和多目标规划的方法. 考虑信息系统外包中决策者提供的异构决策信息, Li 和 Wan[66] 构建了一个新的模糊线性规划模型来选择一个信息系统外包服务商. Samantra, Datta 和 Mahapatra[67] 使用模糊集理论将语言数据转化为数值风险评级, 研究了信息外包的风险评级问题. Demond, Min 和 Joo[68] 利用数据包络分析 (DEA) 来衡量北美 24 家领先的物流外包服务商的比较管理效率, 并在这些物流外包供应商中找出最佳的合作伙伴. Li 和 Wan[69] 基于梯形模糊线性规划, 提出了一种模糊异质多属性群决策方法来解决物流外包服务商选择问题.

除了上述物流外包服务商选择与评价的过程与方法, 还有部分学者针对不同背景下物流外包的具体特征, 对物流外包进行了相关研究. 如洪亮[70] 对供应商管理

库存 (VMI) 与第三方物流的集成化运作模式进行了研究; 邓必年[71] 对物流外包服务商在精益供应链条件下的选择与评估进行了研究; Hilletofth 和 Hilmola[72] 分析了物流外包服务商在供应链管理条件下的功能与应当具备的能力.

上述方法对于物流外包服务商选择是有效的, 但是它们仍然存在一些不足, 具体如下:

(1) 现有的研究仅使用实数[51,55−60,62] 和模糊集[50,52−54,64−65,67,69] 来评估决策信息. 考虑到物流外包过程的复杂性, 实数不足以反映评价对象的所有特征. 模糊集仅用单个的隶属函数来表示元素属于此模糊集的程度, 不能反映非隶属度和犹豫度. 直觉模糊集 (IFS)[2] 同时考虑了隶属度和非隶属度, 它比模糊集在处理模糊和不确定性时更灵活也更实用.

(2) 多属性决策方法[56−59,63−68] 仅考虑了单个专家, 忽略了物流外包服务商选择过程中群决策的功能. 随着现代社会不断增加的复杂性和商业竞争的日益加剧, 企业经常邀请很多专家来参与到物流外包服务商选择问题中, 以增强外包服务决策的合理性和科学性. 因此, 物流外包服务商选择是一类典型的群决策问题.

(3) 模糊线性规划方法[64,66,69] 仅考虑了物流外包服务商的满意度 (隶属度或者可接受度), 忽略了不满意度 (非隶属度或者不可接受度). 在实际决策问题中, 专家经常对一些评价对象存在一定的不满意度和犹豫度. 因此, 像隶属度一样, 非隶属度也就是不可接受度也需要同时考虑而不能忽视.

由于物流外包准则的复杂性和多样性, 专家很难针对方案的每个准则给出相应的方案评价信息. 然而, 专家很容易针对方案两两比较给出偏好信息. 为了克服上述的不足, 物流外包服务商选择问题可以看成一类直觉模糊偏好关系的群决策问题.

1.3 研究内容、方法和组织结构

1.3.1 研究内容

本书将 RFID 解决方案选择问题和物流外包服务商选择问题均归结为一类基于直觉模糊偏好关系的群决策问题. 首先在专家水平较高的情况下, 通过对群决策中专家的一致性进行分析, 构建直觉模糊规划模型, 确定专家的权重. 结合优势度和非优势度, 本书建立了二阶段排序法对方案进行排序, 确定最优的方案. 据此本书提出了考虑群体一致性的群决策方法, 并将此方法应用到某超市 RFID 解决方案选择实例中, 说明所提方法的适用性. 其次在专家水平较低的情况下, 考虑直觉模糊偏好关系的一致性, 通过改进的 TOPSIS 方法确定专家权重, 构建直觉模糊数学规划模型导出方案的优先级权重, 从而提出了新的直觉模糊偏好关系的群决策方法, 并运用某汽车公司物流外包服务商选择的实例, 说明此方法的有效性.

本书探讨具有直觉模糊偏好关系的群决策方法及其在管理决策中的应用，主要包括如下研究内容.

1.3.1.1　直觉模糊值的排序方法

通过对现有直觉模糊值的排序方法的综述，发现现有研究的不足. 为弥补这些不足，本书定义了正、负理想解的直觉模糊值的相对贴近度，并考虑直觉模糊值的犹豫度，根据直觉模糊值在二维平面的表示方法，得到直觉模糊集的可信度，进而提出基于贴近度和可信度的直觉模糊值的字典序排序方法.

进一步地，考虑专家的风险偏好，本书提出了基于风险偏好的直觉模糊值排序方法. 专家可以通过对决策问题的分析，确定自身的风险偏好，从而采取相应的直觉模糊值排序方法.

1.3.1.2　群决策问题中专家一致性研究

针对具有直觉模糊偏好关系的群决策问题，探讨单个专家与群体的一致性. 通过对单个专家和群体的一致性分析，定义专家的一致度，从而确定专家意见的可信度，并建立相应的优化模型，导出专家的权重.

1.3.1.3　直觉模糊偏好关系一致性研究

首先将直觉模糊偏好关系转化为相应的区间模糊偏好关系，分别提出直觉模糊偏好关系的加性一致和乘性一致的概念，并得到优先级权重和直觉模糊偏好关系一致性的关系，进而确定直觉模糊偏好关系的优先级权重.

通过直觉模糊优化技术，建立优先级权重约束的隶属函数和非隶属函数，将优先级权重问题转化为直觉模糊线性规划问题，建立相应的线性规划模型，并考虑专家的风险偏好从而求得优先级权重.

1.3.1.4　基于直觉模糊偏好关系的群决策方法及其应用

首先给出直觉模糊偏好关系的群决策问题描述，分别针对群决策中专家水平的高与低的情形，提出相应的基于直觉模糊偏好关系的群决策方法. 然后，将本书所提出的群决策方法分别应用于某超市 RFID 解决方案选择和某汽车公司物流外包服务商选择问题，验证本书所提出的方法的可行性. 同时，对模型参数进行灵敏度分析，为专家设定合适的参数提供依据. 最后，通过与现有方法的对比分析，说明本书所提出方法的有效性和优越性.

1.3.2　研究方法

本书以数据处理软件为计算工具，针对基于直觉模糊偏好关系的群决策问题，结合实际决策问题，利用提出的决策方法对 RFID 方案的选择和物流外包服务商的选择进行了全方位的分析. 本书的技术路线图如图 1.1 所示.

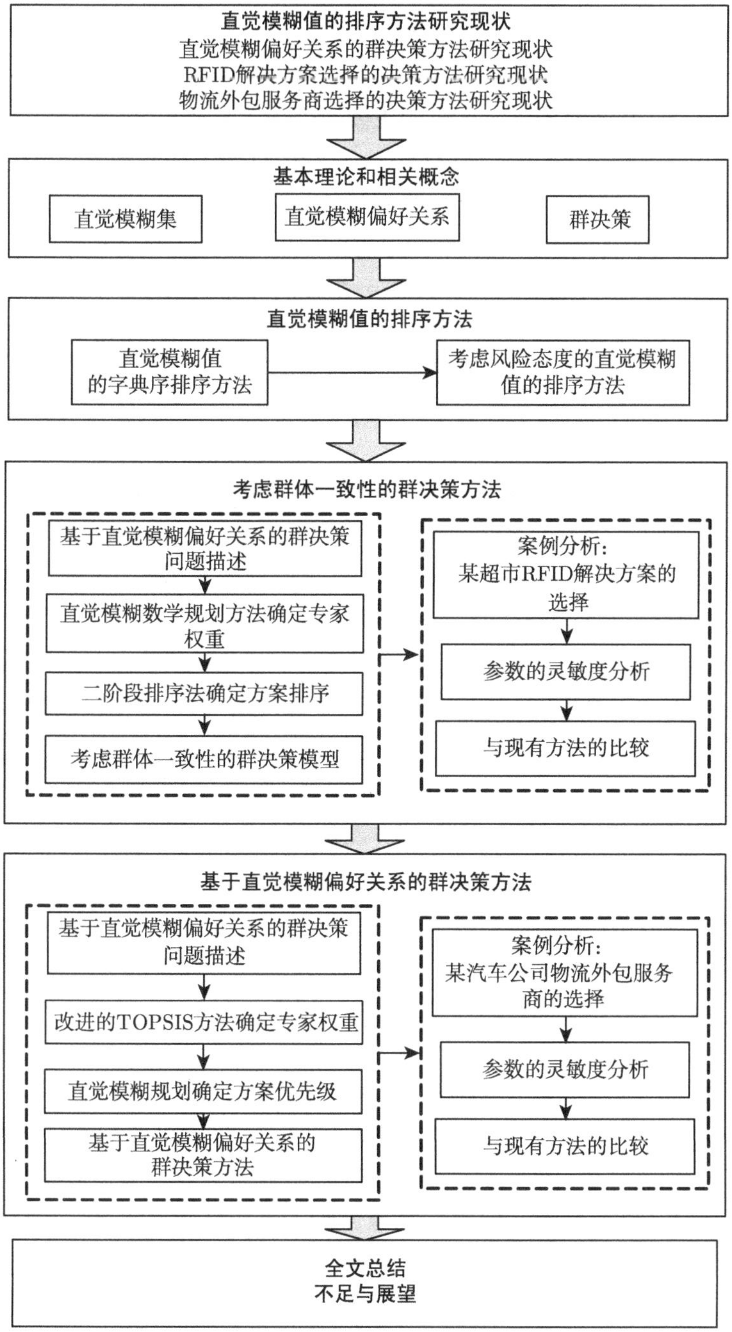

图 1.1 本书的技术路线图

1.3.3　组织结构

第 1 章主要阐述了本书的选题背景和意义, 对直觉模糊偏好关系的群决策方法、RFID 解决方案选择的决策方法和物流外包服务商选择的决策方法的研究现状做了全面的综述, 并简要描述了本书的主要研究内容和研究方法.

第 2 章主要详细介绍了直觉模糊集、直觉模糊偏好关系和群决策的相关概念和理论基础.

第 3 章研究了直觉模糊值新的排序方法, 首先提出了直觉模糊值新的字典序排序方法. 然后考虑专家的风险态度, 进一步提出了考虑风险态度的直觉模糊值的排序方法. 接着研究了不完全权重信息下的直觉模糊多属性决策问题, 通过构建分式规划模型确定了属性权重, 利用考虑风险态度的直觉模糊值的排序测度给出方案的排序, 进而提出了相应的决策方法, 以电商公司物流外包服务商选择为例说明所提出方法的优越性.

第 4 章提出了一种考虑群体一致性的基于直觉模糊偏好关系的群决策方法. 首先构建直觉模糊规划模型确定了专家权重, 其次提出了二阶段排序法得到方案排序的优先级权重, 并提出了相应的群决策方法. 最后, 将该方法应用于某超市 RFID 解决方案选择实例中.

第 5 章考虑了直觉模糊偏好关系的一致性, 提出了基于直觉模糊偏好关系的群决策方法. 通过改进的 TOPSIS 方法确定专家权重, 构建直觉模糊数学规划模型导出方案的优先级权重, 从而提出了基于直觉模糊偏好关系的群决策方法. 最后将该方法应用到某汽车公司物流外包服务商选择实例中, 说明所提方法的有效性. 此方法不仅能得到方案的排序, 还能刻画一方案优于其他方案的程度.

第 6 章简要总结了本书的主要工作, 同时在本书研究基础上对以后的研究方向进行展望.

1.4　本书的创新之处

通过上述的分析, 本书的创新之处可归纳为以下四个方面.

(1) 基于 TOPSIS 方法, 计算直觉模糊值到正、负理想直觉模糊集的距离, 得到直觉模糊值的接近度. 根据直觉模糊值的几何表示, 定义了直觉模糊值的可信度. 基于接近度和可信度, 提出了直觉模糊值新的字典序排序方法. 进一步, 考虑专家的风险态度, 定义了考虑风险态度的直觉模糊值的排序测度, 并提出一种考虑风险态度的直觉模糊值的排序方法. 利用考虑风险态度的直觉模糊值的排序测度, 探讨不完全权重信息下的直觉模糊多属性决策问题, 并提出了一种新的不完全权重信息下的直觉模糊多属性决策方法.

(2) 针对直觉模糊偏好关系的群决策问题, 通过构建直觉模糊数学规划模型, 客观地确定了专家的权重, 利用专家权重集结得到群体直觉模糊偏好关系. 为了从群体直觉模糊偏好关系中得到方案排序, 本书结合非优势度和优势度提出了二阶段排序方法. 该排序方法首先通过非优势度对方案进行分级排序, 之后对于同一等级的方案, 再利用优势度进一步地排序, 从而确定方案的综合排序结果.

(3) 群决策问题中, 现有的很多研究都事先假设专家的权重相同. 由于不同的专家所研究的领域不同, 对决策有不同的判断. 专家与群体的意见越一致, 说明此专家的判断也就越准确, 应赋予较高的权重. 本书通过对专家个体意见和群体意见的一致性研究, 定义专家意见的一致度, 从而客观地确定专家的权重.

(4) 通过对直觉模糊偏好关系的一致性分析, 建立关于优先级权重约束的隶属函数和非隶属函数, 从而将优先级权重确定问题转化为直觉模糊数学规划模型. 考虑专家的风险偏好, 提出乐观、悲观和混合三种方法, 求解所构建的直觉模糊数学规划模型, 进而导出直觉模糊偏好关系的优先级权重.

第 2 章　直觉模糊偏好关系和群决策的相关概念及理论基础

模糊概念来自模糊现象, 而模糊现象在自然界中是客观存在的. 人们在从事社会实践、科学实验与生产的活动中, 大脑形成的许多概念往往都是模糊概念. 这些概念的外延是不清晰的, 具有亦此亦彼性[95]. 1965 年, 美国加州大学 Zadeh 教授发表了模糊集合的第 1 篇开创性论文[1], 由此确立了模糊集理论或模糊数学. 模糊集理论使得数学的理论与应用研究范围从精确问题拓展到含有模糊现象的领域. 模糊集理论为解决模糊性与精确性这个矛盾提供了有效的途径, 是解决复杂大系统问题的有力工具之一.

然而, 模糊集利用单一标度 (即隶属度) 同时表示支持和反对两种状态, 即支持某个命题或现象 x 的隶属度为 $\mu(x)$, 反对 (或否定) 该命题或现象 x 的隶属度正好为其补 $1-\mu(x)$, 从而无法表示中立状态, 即既不支持也不反对. 也就是说, 模糊集只能描述 "亦此亦彼" 性, 无法描述 "非此非彼" 性. 为此, 1983 年保加利亚学者 Atanassov 教授提出了直觉模糊集的概念[2]. 直觉模糊集利用两标度 (即隶属度与非隶属度) 刻画模糊性, 可以同时表示支持、反对和中立三种状态, 能够更细腻、全面地描述客观现象的自然属性.

本章将简要地回顾模糊集、直觉模糊集、直觉模糊偏好关系和群决策的相关概念和理论基础, 同时分析直觉模糊偏好关系的一致性和群决策的一致性的相关性质.

2.1　模糊集和模糊数的定义

定义 2.1[1,95]　设在论域 U 上给定映射 $\mu_A: U \to [0,1]$ 使得

$$x \in U \mapsto \mu_A \in [0,1],$$

则称 μ_A 确定了论域 U 上的一个模糊子集 A, 简称模糊集. 称 μ_A 为 A 的隶属函数, $\mu_A(x)$ 为 x 属于 A 的隶属度.

对任意的 $\alpha \in (0,1]$, 定义模糊集 A 的 α 截集为

$$A_\alpha = (A)_\alpha = \{x|\mu_A(x) \geqslant \alpha, x \in U\},$$

其中, α 称为置信水平或置信度.

类似地, 可定义 A 的 α 强截集为

$$A_\alpha^0 = (A)_\alpha^0 = \{x|\mu_A(x) > \alpha, x \in U\}.$$

模糊集 A 的支集定义为

$$\sup p(A) = \{x|\mu_A(x) > 0, x \in U\}.$$

在一些实际问题中, 经常遇到像盈利 4 亿元 "左右"、身高 "很高" 等一些模糊数量或语言. 要解决这些问题, 最关键的一点是如何处理、量化这些模糊概念, 一般地可以采用模糊数来刻画[95]. 在实际的决策问题中, 通常用模糊数来刻画一些模糊评价. 模糊数实质上就是实数集 $\mathbf{R}$ 上的模糊子集, 具体定义如下.

定义 2.2[1,95] 设 A 是 $\mathbf{R}$ 上的模糊子集, 其隶属函数为 μ_A. 如果 A 满足条件:

(i) 对任意的 $\alpha \in (0, 1]$, A 的 α 截集都是凸集;

(ii) μ_A 是上半连续函数;

(iii) A 的支集是 $\mathbf{R}$ 中的有界集,

则称 A 是一个模糊数.

模糊数 A 的含义是 "近似于 A 的实数". 模糊数 A 的任意 α 截集都是有界闭区间, 记作 $A_\alpha = [a^l(\alpha), a^r(\alpha)]$, 其中 $\alpha \in [0, 1]$. 常见的模糊数有梯形模糊数和三角模糊数.

定义 2.3[95] 设 A 是 $\mathbf{R}$ 上的模糊子集, 如果其隶属函数具有如下形式:

$$\mu_A(x) = \begin{cases} (x-a)/(b-a), & a \leqslant x < b, \\ 1, & b \leqslant x \leqslant c, \\ (d-x)/(d-c), & c < x \leqslant d, \\ 0, & x < a \text{ 或 } x > d, \end{cases}$$

则称 A 为梯形模糊数, 记作 $A = (a, b, c, d)$, 其中区间 $[b, c]$ 称为相对最可能值区间, a 和 b 分别为上、下限.

易见, 当 $b = c$ 时, 梯形模糊数 $A = (a, b, c, d)$ 退化为三角模糊数 $A = (a, b, d)$; 当 $a = b$ 且 $c = d$ 时, 梯形模糊数 $A = (a, b, c, d)$ 退化为区间 $A = [b, c]$; 当 $a = b = c = d$ 时, 梯形模糊数 $A = (a, b, c, d)$ 退化为实数 a. 若 $a > 0$, 则称梯形模糊数 $A = (a, b, c, d)$ 为正梯形模糊数, 记作 $A > 0$.

对于两个正梯形模糊数 $A_i = (a_i, b_i, c_i, d_i)(i = 1, 2)$, 梯形模糊数的运算法则如下:

(1) $A_1 + A_2 = (a_1 + a_2, b_1 + b_2, c_1 + c_2, d_1 + d_2)$;

(2) $\lambda A_1=(\lambda a_1,\lambda b_1,\lambda c_1,\lambda d_1)$, $\lambda>0$;

(3) $A_1A_2=(a_1a_2,b_1b_2,c_1c_2,d_1d_2)$;

(4) $A_1^\lambda=(a_1^\lambda,b_1^\lambda,c_1^\lambda,d_1^\lambda)$, $\lambda>0$.

显然, 正梯形模糊数的运算具有下列性质:

(1) $A_1+A_2=A_2+A_1$;

(2) $\lambda(A_1+A_2)=\lambda A_1+\lambda A_2$, $\lambda>0$;

(3) $A_1A_2=A_2A_1$;

(4) $A_1^\lambda A_2^\lambda=(A_1A_2)^\lambda$, $\lambda>0$.

2.2 直觉模糊集的定义及相关基础知识

模糊集在处理现实决策问题的模糊性时, 仅利用隶属度表示支持和反对两种态度. 在实际中, 决策者在评价时通常会存在中立的态度, 也就是既不支持也不反对. 模糊集无法表示这种 "非此非彼" 性. 不同于模糊集, 直觉模糊集用隶属度和非隶属度两个标度来表征模糊性和不确定性, 可以反映支持、反对和中立三种状态. 相比模糊集而言, 直觉模糊集能够更全面、丰富地刻画现实决策问题.

定义 2.4[2] 设 $X=\{x_1,x_2,\cdots,x_n\}$ 是一个给定的论域, 则 X 上的一个直觉模糊集 $\tilde{A}$ 定义为 $\tilde{A}=\{(x,\mu_A(x),\nu_A(x))|x\in X\}$, 其中 $\mu_A:X\to[0,1]$ 和 $\nu_A:X\to[0,1]$ 分别是 $\tilde{A}$ 的隶属函数和非隶属函数, 而且对于 $\tilde{A}$ 上所有的 $x\in X$ 都满足条件 $0\leqslant\mu_A(x)+\nu_A(x)\leqslant 1$. μ_A 和 ν_A 分别为元素 x 属于直觉模糊集 $\tilde{A}$ 的隶属度和非隶属度. 对于论域 X 上的直觉模糊集 $\tilde{A}$, $\pi_A(x)=1-\mu_A(x)-\nu_A(x)$ 被称为 $\tilde{A}$ 中元素 x 的犹豫度或直觉模糊指标, 它度量了 x 是否属于直觉模糊集 $\tilde{A}$ 的犹豫程度.

直觉模糊集 $\tilde{A}$ 的补集可以表示为如下形式:

$$\tilde{A}^{\mathrm{c}}=\{(x,\nu_A(x),\mu_A(x))|x\in X\}.\tag{2.1}$$

对于任意一个直觉模糊集 $\tilde{A}$, 由隶属度 μ_A 和非隶属度 ν_A 组成的有序数对 $(\mu_A(x),\nu_A(x))$ 称为直觉模糊值.

定义 2.5[79] 给定两个直觉模糊值 $\tilde{a}_i=(\mu_i,\nu_i)(i=1,2)$ 和 $k>0$. 直觉模糊值的运算定义如下:

(1) $\tilde{a}_1+\tilde{a}_2=(\mu_1+\mu_2-\mu_1\mu_2,\ \nu_1\nu_2)$;

(2) $\tilde{a}_1\tilde{a}_2=(\mu_1\mu_2,\ \nu_1+\nu_2-\ \nu_1\nu_2)$;

(3) $k\tilde{a}_1=(1-(1-\mu_1)^k,\ \nu_1^k)$;

(4) $(\tilde{a}_1)^k=(\mu_1^k,1-(1-\nu_1)^k)$;

(5) 补集 $\tilde{a}_1^{\mathrm{c}} = (\nu_1,\ \mu_1)$.

另外, 直觉模糊值的运算具有下列性质:

(1) $\tilde{a}_1 + \tilde{a}_2 = \tilde{a}_2 + \tilde{a}_1$;

(2) $\tilde{a}_1\tilde{a}_2 = \tilde{a}_2\tilde{a}_1$;

(3) $k(\tilde{a}_1 + \tilde{a}_2) = k\tilde{a}_1 + k\tilde{a}_2$;

(4) $(\tilde{a}_1 + \tilde{a}_2)^k = (\tilde{a}_1)^k + (\tilde{a}_2)^k$;

(5) $(\tilde{a}_1^{\mathrm{c}})^{\mathrm{c}} = \tilde{a}_1$.

根据定义 2.5, 上述的性质很容易被证明.

定义 2.6[73,134] 给定两个直觉模糊集 $\tilde{A} = \{(x, \mu_A(x), \nu_A(x))|x \in X\}$ 和 $\tilde{B} = \{(x, \mu_B(x), \nu_B(x))|x \in X\}$, 则 $\tilde{A}$ 和 $\tilde{B}$ 的加权闵可夫斯基 (Minkowski) 归一化距离定义如下:

$$d_q(\tilde{A}, \tilde{B}) = \sqrt[q]{\frac{1}{2}\sum_{i=1}^{n}\omega_i[(\mu_A(x_i) - \mu_B(x_i))^q + (\nu_A(x_i) - \nu_B(x_i))^q + (\pi_A(x_i) - \pi_B(x_i))^q]},$$

其中 ω_i 为元素 x_i 的权重, $\pi_A(x_i) = 1 - \mu_A(x_i) - \nu_A(x_i)$, $\pi_B(x_i) = 1 - \mu_B(x_i) - \nu_B(x_i)$.

当 $q = 1$ 时, 加权闵可夫斯基归一化距离退化为加权汉明 (Hamming) 归一化距离:

$$d_1(\tilde{A}, \tilde{B}) = \frac{1}{2}\sum_{i=1}^{n}\omega_i(|\mu_A(x_i) - \mu_B(x_i)| + |\nu_A(x_i) - \nu_B(x_i)| + |\pi_A(x_i) - \pi_B(x_i)|);$$

当 $q = 2$ 时, 加权闵可夫斯基归一化距离退化为加权欧几里得 (Euclidean) 归一化距离:

$$d_2(\tilde{A}, \tilde{B}) = \sqrt{\frac{1}{2}\sum_{i=1}^{n}\omega_i[(\mu_A(x_i) - \mu_B(x_i))^2 + (\nu_A(x_i) - \nu_B(x_i))^2 + (\pi_A(x_i) - \pi_B(x_i))^2]};$$

当 $q \to +\infty$ 时, 加权闵可夫斯基归一化距离退化为加权切比雪夫 (Chebyshev) 归一化距离:

$$d_{+\infty}(\tilde{A}, \tilde{B}) = \max_{1 \leqslant i \leqslant n}\left\{\frac{1}{2}\omega_i(|\mu_A(x_i) - \mu_B(x_i)| + |\nu_A(x_i) - \nu_B(x_i)| + |\pi_A(x_i) - \pi_B(x_i)|)\right\}.$$

特别地, 当 $\omega_i = \dfrac{1}{n}$ 时, 加权汉明归一化距离退化为汉明距离:

$$d(\tilde{A}, \tilde{B}) = \frac{1}{2n}\sum_{i=1}^{n}(|\mu_A(x_i) - \mu_B(x_i)| + |\nu_A(x_i) - \nu_B(x_i)| + |\pi_A(x_i) - \pi_B(x_i)|); \tag{2.2}$$

加权欧几里得归一化距离退化为汉明距离:

$$d_2(\tilde{A},\tilde{B})=\sqrt{\frac{1}{2n}\sum_{i=1}^{n}[(\mu_A(x_i)-\mu_B(x_i))^2+(\nu_A(x_i)-\nu_B(x_i))^2+(\pi_A(x_i)-\pi_B(x_i))^2]};$$

加权切比雪夫归一化距离退化为切比雪夫距离:

$$d_{+\infty}(\tilde{A},\tilde{B})=\max_{1\leqslant i\leqslant n}\left\{\frac{1}{2n}(|\mu_A(x_i)-\mu_B(x_i)|+|\nu_A(x_i)-\nu_B(x_i)|+|\pi_A(x_i)-\pi_B(x_i)|)\right\}.$$

当论域 $X=\{x_1,x_2,\cdots,x_n\}$ 只包含一个元素, 即当 $n=1$ 时, 直觉模糊集均退化为直觉模糊值, 因此上述各种距离定义也同样适合于直觉模糊值. 例如, 对于直觉模糊值 $\tilde{a}_i=(\mu_i,\nu_i)(i=1,2)$, $\tilde{a}_1$ 和 $\tilde{a}_2$ 的汉明距离定义如下:

$$d(\tilde{a}_1,\tilde{a}_2)=|\mu_1-\mu_2|+|\nu_1-\nu_2|+|\pi_1-\pi_2|, \tag{2.3}$$

其中, $\pi_i=1-\mu_i-\nu_i(i=1,2)$.

定义 2.7[79] 给定一组直觉模糊值 $\tilde{a}_i=(\mu_i,\nu_i)$ $(i=1,2,\cdots,n)$. 令 IFWA: $\Omega^n\to\Omega$, 如果

$$\mathrm{IFWA}_{\boldsymbol{w}}(\tilde{a}_1,\tilde{a}_2,\cdots,\tilde{a}_n)=\sum_{i=1}^{n}w_i\tilde{a}_i, \tag{2.4}$$

其中, 符号 Ω 表示论域 X 上的所有的直觉模糊值的全体, $\boldsymbol{w}=(w_1,w_2,\cdots,w_n)^{\mathrm{T}}$ 是 $\tilde{a}_i(i=1,2,\cdots,n)$ 的权重向量, 满足 $0\leqslant w_i\leqslant 1(i=1,2,\cdots,n)$ 和 $\sum_{i=1}^{n}w_i=1$, 那么称函数 IFWA 为直觉模糊加权算术平均算子.

根据定义 2.5 和定义 2.7, 利用数学归纳法可以证明下面的定理.

定理 2.1[79] 对一组直觉模糊值 $\tilde{a}_i=(\mu_i,\nu_i)$ $(i=1,2,\cdots,n)$, 由直觉模糊加权算术平均算子 (即式 (2.4)) 集成得到的结果仍为直觉模糊值, 且

$$\mathrm{IFWA}_{\boldsymbol{w}}(\tilde{a}_1,\tilde{a}_2,\cdots,\tilde{a}_n)=\left(1-\prod_{i=1}^{n}(1-\mu_i)^{w_i},\ \prod_{i=1}^{n}\nu_i^{w_i}\right). \tag{2.5}$$

证明: 用数学归纳法证明, 具体如下:

(1) 当 n=1 时, 根据定义 2.5 中直觉模糊值的运算法则可得

$$\begin{aligned}\mathrm{IFWA}_{\boldsymbol{w}}(\tilde{a}_1,\tilde{a}_2)&=w_1\tilde{a}_1+w_2\tilde{a}_2\\&=(1-(1-\mu_1)^{w_1},\ \nu_1^{w_1})+(1-(1-\mu_2)^{w_2},\ \nu_2^{w_2})\\&=(1-(1-\mu_1)^{w_1}+1-(1-\mu_2)^{w_2}\\&\quad-(1-(1-\mu_1)^{w_1})(1-(1-\mu_2)^{w_2}),\ \nu_1^{w_1}\nu_2^{w_2})\\&=\left(1-\prod_{i=1}^{2}(1-\mu_i)^{w_i},\ \prod_{i=1}^{2}\nu_i^{w_i}\right).\end{aligned}$$

此时, 式 (2.5) 成立.

(2) 假设 $n=k$ 时, 式 (2.5) 成立, 即

$$\mathrm{IFWA}_{\boldsymbol{w}}(\tilde{a}_1,\tilde{a}_2,\cdots,\tilde{a}_k)=\left(1-\prod_{i=1}^{k}(1-\mu_i)^{w_i},\ \prod_{i=1}^{k}\nu_i^{w_i}\right).$$

当 $n=k+1$ 时, 有

$$\begin{aligned}
&\mathrm{IFWA}_{\boldsymbol{w}}(\tilde{a}_1,\tilde{a}_2,\cdots,\tilde{a}_k,\tilde{a}_{k+1})\\
&=\left(1-\prod_{i=1}^{k}(1-\mu_i)^{w_i},\ \prod_{i=1}^{k}\nu_i^{w_i}\right)+w_{k+1}\tilde{a}_{k+1}\\
&=\left(1-\prod_{i=1}^{k}(1-\mu_i)^{w_i},\ \prod_{i=1}^{k}\nu_i^{w_i}\right)+(1-(1-\mu_{k+1})^{w_{k+1}},\ \nu_{k+1}^{w_{k+1}})\\
&=\left(1-\prod_{i=1}^{k}(1-\mu_i)^{w_i}+1-(1-\mu_{k+1})^{w_{k+1}}\right.\\
&\quad\left.-\left(1-\prod_{i=1}^{k}(1-\mu_i)^{w_i}\right)(1-(1-\mu_{k+1})^{w_{k+1}}),\ \prod_{i=1}^{k}\nu_i^{w_i}\times\nu_{k+1}^{w_{k+1}}\right)\\
&=\left(1-\prod_{i=1}^{k+1}(1-\mu_i)^{w_i},\ \prod_{i=1}^{k+1}\nu_i^{w_i}\right).
\end{aligned}$$

因此, 当 $n=k+1$ 时, 式 (2.5) 也成立.

综上所述, 定理 2.1 得证.

定义 2.8[133] 给定一组直觉模糊值 $\tilde{a}_i=(\mu_i,\nu_i)\ (i=1,2,\cdots,n)$. 令 IFGA: $\Omega^n\rightarrow\Omega$, 如果

$$\mathrm{IFGA}_{\boldsymbol{w}}(\tilde{a}_1,\tilde{a}_2,\cdots,\tilde{a}_n)=\prod_{i=1}^{n}\tilde{a}_i^{w_i},$$

其中, $\boldsymbol{w}=(w_1,w_2,\cdots,w_n)^{\mathrm{T}}$ 是 $\tilde{a}_i\ (i=1,2,\cdots,n)$ 的权重向量, 满足 $0\leqslant w_i\leqslant 1(i=1,2,\cdots,n)$ 且 $\sum_{i=1}^{n}w_i=1$, 那么称函数 IFGA 为直觉模糊加权几何平均算子.

根据定义 2.5 和定义 2.8, 利用数学归纳法可以证明下面的定理.

定理 2.2[133] 对一组直觉模糊值 $\tilde{a}_i=(\mu_i,\nu_i)\ (i=1,2,\cdots,n)$, 由直觉模糊加权几何平均算子集成得到的结果仍为直觉模糊值, 且

$$\mathrm{IFGA}_{\boldsymbol{w}}(\tilde{a}_1,\tilde{a}_2,\cdots,\tilde{a}_n)=\left(\prod_{i=1}^{n}\mu_i^{w_i},1-\prod_{i=1}^{n}(1-\nu_i)^{w_i}\right).\tag{2.6}$$

证明: 类似于定理 2.1, 用数学归纳法即可证明定理 2.2, 具体过程省略.

2.3 偏好关系综述

决策问题在现代生活的各个方面都很常见, 如人力资源绩效评估、设施选址、投资项目选择等. 一般来说, 常见的决策问题就是根据多个属性评价值信息利用某种决策方法从一组有限的方案集中选取最优的方案. 由于在复杂的决策问题中评估因素众多, 决策者难以针对方案的每个属性值提供相应的评价信息, 因此, 起源于层次分析法 (AHP) 的偏好关系开始出现. AHP 方法中, 决策者无须提供属性权重, 只要给出属性两两比较的评价信息, 从而构造判断矩阵, 属性权重就可以利用一些方法从判断矩阵中导出. 到目前为止, 偏好关系并不局限于层次分析法的框架, 其已经成为决策者提供方案评价的一种重要形式. 一般来说, 偏好关系包括具有 1/9-9 量表的乘性偏好关系 (或互反偏好关系)[97] 和 0-1 量表的模糊偏好关系 (或互补偏好关系)[98,99], 而且这两种偏好关系可以相互转换.

然而, 由于决策问题的复杂性, 决策者可能无法或不愿意采用实数表示属性或方案的两两比较判断信息. 与实数相比, 区间数采用上限和下限刻画决策者判断信息的范围. 因此, 以区间数为元素构成的区间偏好关系可以在决策分析中灵活捕捉和描述决策者评价信息的模糊性和不确定性. 区间偏好关系包括区间模糊偏好关系[96,100,101] 和区间乘法偏好关系[102,103].

接下来, 我们给出几种常见的偏好关系定义及其有关性质.

定义 2.9[97] 若专家按互反型 1-9 标度进行赋值给出集合 $X=\{x_1,x_2,\cdots,x_n\}$ 上的互反偏好关系 (乘法偏好关系)$\boldsymbol{A}$, 采用判断矩阵 $\boldsymbol{A}=(a_{ij})_{n\times n}\subset X\times X$ 表示, 其中 a_{ij} 表示元素 x_i 对于元素 x_j 的重要性. 另外, a_{ij} 还需满足下列的条件:

$$a_{ij}\in\left[\frac{1}{9},9\right],\quad a_{ij}a_{ji}=1,\quad a_{ii}=1,\quad i,j=1,2,\cdots,n.$$

如果对于任意的 $i,j,k=1,2,\cdots,n$ 有 $a_{ij}=a_{ik}a_{kj}$ 成立, 则称互反偏好关系 $\boldsymbol{A}$ 是乘法一致的.

由互反偏好关系 $\boldsymbol{A}$ 导出的权重向量 $\boldsymbol{w}=(w_1,w_2,\cdots,w_n)^{\mathrm{T}}$ 可以通过 $\boldsymbol{A}\boldsymbol{w}=\lambda_{\max}(\boldsymbol{A})\boldsymbol{w}$ 求得, 其中 $\lambda_{\max}(\boldsymbol{A})$ 为 $\boldsymbol{A}$ 的最大特征值. 因此, 若存在一组向量 $\boldsymbol{w}=(w_1,w_2,\cdots,w_n)^{\mathrm{T}}$ 使得 $a_{ij}=w_i/w_j$ 成立, 其中 $\boldsymbol{w}$ 满足 $w_i\geqslant 0(i=1,2,\cdots,n)$ 且 $\sum\limits_{i=1}^{n}w_i=1$, 则 $\boldsymbol{A}$ 是乘法一致的[132].

在实际决策情况中, 决策者很难提供完全一致的互反偏好关系, 因此就有了满意一致性的概念.

定义一致性比例 $\mathrm{CR}(\boldsymbol{A})=\dfrac{\lambda_{\max}(\boldsymbol{A})-n}{(n-1)\mathrm{RI}}$, 其中 RI 为随机一致性指标. 通常认

为 CR($\boldsymbol{A}$) $\leqslant 0.1$ 时, $\boldsymbol{A}$ 是满意一致的; 否则 $\boldsymbol{A}$ 不具有满意一致性[125].

定义 2.10[98,99] 若专家按互反型 0.1-0.9 标度进行赋值, 给出集合 $X=\{x_1, x_2, \cdots, x_n\}$ 上的互补偏好关系 (模糊偏好关系), 采用判断矩阵 $\boldsymbol{B}=(b_{ij})_{n\times n}\subset X\times X$ 表示, 其中 b_{ij} 表示元素 x_i 优于元素 x_j 的程度. 另外, b_{ij} 还需满足下列条件:

$$b_{ij}\in[0.1, 0.9],\quad b_{ij}+b_{ji}=1,\quad b_{ii}=0.5,\quad i,j=1,2,\cdots,n.$$

由互反判断矩阵 $\boldsymbol{A}=(a_{ij})_{n\times n}$ 通过转换公式

$$b_{ij}=\frac{a_{ij}}{1+a_{ij}},\quad i,j=1,2,\cdots,n$$

可得互补判断矩阵 $\boldsymbol{B}=(b_{ij})_{n\times n}$.

由互补判断矩阵 $\boldsymbol{B}=(b_{ij})_{n\times n}$ 通过转换公式

$$a_{ij}=\frac{b_{ij}}{1-b_{ij}},\quad i,j=1,2,\cdots,n$$

可得互反判断矩阵 $\boldsymbol{A}=(a_{ij})_{n\times n}$.

互补偏好关系具有加法一致性和乘法一致性两种. 首先讨论互补偏好关系的加法一致性[126,127].

定义 2.11[126,127] 对互补判断矩阵 $\boldsymbol{B}=(b_{ij})_{n\times n}$, 如果对于任意的 $i,j,k=1,2,\cdots,n$ 有 $b_{ij}=b_{ik}-b_{jk}+0.5$ 成立, 则称互补偏好关系 $\boldsymbol{B}$ 是加法一致的. 若存在一组权重向量 $\boldsymbol{w}=(w_1,w_2,\cdots,w_n)^{\mathrm{T}}$ 使得 $b_{ij}=0.5(w_i-w_j+1)$ 成立, 其中 $\boldsymbol{w}$ 满足 $w_i\geqslant 0(i=1,2,\cdots,n)$ 且 $\sum\limits_{i=1}^{n}w_i=1$, 则 $\boldsymbol{B}$ 是加法一致的.

接下来我们讨论互补偏好关系的乘法一致性[128,129].

定义 2.12[126,127] 对互补判断矩阵 $\boldsymbol{B}=(b_{ij})_{n\times n}$, 如果对于任意的 $i,j,k=1,2,\cdots,n$ 有 $b_{ik}b_{kj}b_{ji}=b_{ki}b_{jk}b_{ij}$ 成立, 则称互补偏好关系 $\boldsymbol{B}$ 是乘法一致的.

特别地, $b_{ik}b_{kj}b_{ji}=b_{ki}b_{jk}b_{ij}$ 还有如下两种等价的表示形式:

(1) $\dfrac{b_{ik}}{b_{ki}}\dfrac{b_{kj}}{b_{jk}}=\dfrac{b_{ij}}{b_{ji}}$;

(2) $\dfrac{b_{ik}}{b_{ki}}\dfrac{b_{kj}}{b_{jk}}\dfrac{b_{ji}}{b_{ij}}=\dfrac{b_{ki}}{b_{ik}}\dfrac{b_{jk}}{b_{kj}}\dfrac{b_{ij}}{b_{ji}}$.

若存在一组向量 $\boldsymbol{w}=(w_1,w_2,\cdots,w_n)^{\mathrm{T}}$ 使得 $b_{ij}=w_i/(w_i+w_j)$ 成立, 其中 $\boldsymbol{w}$ 满足对于所有的 $w_i\geqslant 0(i=1,2,\cdots,n)$ 且 $\sum\limits_{i=1}^{n}w_i=1$, 则 $\boldsymbol{B}$ 是乘法一致的.

定义 2.13[96,100,101] 集合 $X=\{x_1,x_2,\cdots,x_n\}$ 上的区间模糊偏好关系 $\tilde{\boldsymbol{B}}$ 采用区间值模糊判断矩阵 $\tilde{\boldsymbol{B}}=(\tilde{b}_{ij})_{n\times n}\subset X\times X$ 表示, 其中 $\tilde{b}_{ij}=[\underline{b}_{ij},\bar{b}_{ij}]$ 是区间数,

表示元素 x_i 优于元素 x_j 的偏好度或者强度介于 $\underline{b}_{ij}$ 和 $\bar{b}_{ij}$ 之间. 另外, $\underline{b}_{ij}$ 和 $\bar{b}_{ij}$ 还满足条件 $0 < \underline{b}_{ij} \leqslant \bar{b}_{ij} < 1$, $\underline{b}_{ij} + \bar{b}_{ji} = 1$, $\underline{b}_{ii} = \bar{b}_{ii} = 0.5$, $i, j = 1, 2, \cdots, n$.

类似于互补偏好关系, Wang 和 Li[130] 分别给出了区间模糊偏好关系的乘法一致性和加法一致性定义, 具体如下.

定义 2.14[30] 对区间值模糊判断矩阵 $\boldsymbol{B} = (b_{ij})_{n\times n}$, 如果对于任意的 $i, j, k = 1, 2, \cdots, n$ 有加法传递性 $\tilde{b}_{ij} + \tilde{b}_{jk} + \tilde{b}_{ki} = \tilde{b}_{kj} + \tilde{b}_{ji} + \tilde{b}_{ik}$ 成立, 则称区间模糊偏好关系 $\tilde{\boldsymbol{B}}$ 是加法一致的.

对于区间模糊偏好关系 $\tilde{\boldsymbol{B}} = (\tilde{b}_{ij})_{n\times n}$, 如果存在一组向量 $\tilde{\boldsymbol{w}} = (\tilde{w}_1, \tilde{w}_2, \cdots, \tilde{w}_n)^{\mathrm{T}}$ 使得

$$\tilde{b}_{ij} = [\underline{b}_{ij}, \bar{b}_{ij}] = \begin{cases} [0.5, 0.5], & i = j, \\ [0.5(w_i^- - w_j^+ + 1), 0.5(w_i^+ - w_j^- + 1)], & i \neq j, \end{cases} \quad \forall i, j = 1, 2, \cdots, n,$$

其中 $\tilde{\boldsymbol{w}}$ 是优先级权重, 满足对于所有的 $i = 1, 2, \cdots, n$, 有 $\tilde{w}_i = [w_i^-, w_i^+]$, $w_i^- + \sum\limits_{j=1, j\neq i}^{n} w_j^+ \geqslant 1$ 和 $w_i^+ + \sum\limits_{j=1, j\neq i}^{n} w_j^- \leqslant 1$, 则称区间模糊偏好关系 $\tilde{\boldsymbol{B}} = (\tilde{b}_{ij})_{n\times n}$ 是加法一致的.

定义 2.15[30] 对区间值模糊判断矩阵 $\tilde{\boldsymbol{B}} = (\tilde{b}_{ij})_{n\times n}$, 如果对于任意的 $i, j, k = 1, 2, \cdots, n$ 有乘法传递性 $\dfrac{\tilde{b}_{ik}}{\tilde{b}_{ki}} \dfrac{\tilde{b}_{kj}}{\tilde{b}_{jk}} \dfrac{\tilde{b}_{ji}}{\tilde{b}_{ij}} = \dfrac{\tilde{b}_{ki}}{\tilde{b}_{ik}} \dfrac{\tilde{b}_{jk}}{\tilde{b}_{kj}} \dfrac{\tilde{b}_{ij}}{\tilde{b}_{ji}}$ 成立, 则称区间模糊偏好关系 $\tilde{\boldsymbol{B}}$ 是乘法一致的.

对于区间模糊偏好关系 $\tilde{\boldsymbol{B}} = (\tilde{b}_{ij})_{n\times n}$, 如果存在一组向量 $\tilde{\boldsymbol{w}} = (\tilde{w}_1, \tilde{w}_2, \cdots, \tilde{w}_n)^{\mathrm{T}}$ 使得

$$\tilde{b}_{ij} = [\underline{b}_{ij}, \bar{b}_{ij}] = \begin{cases} [0.5, 0.5], & i = j, \\ \left[\dfrac{w_i^-}{w_i^- + w_j^+}, \dfrac{w_i^+}{w_i^+ + w_j^-}\right], & i \neq j, \end{cases} \quad \forall i, j = 1, 2, \cdots, n,$$

其中 $\tilde{\boldsymbol{w}}$ 是优先级权重, 满足对于所有的 $i = 1, 2, \cdots, n$, 有 $\tilde{w}_i = [w_i^-, w_i^+]$, $w_i^- + \sum\limits_{j=1, j\neq i}^{n} w_j^+ \geqslant 1$ 和 $w_i^+ + \sum\limits_{j=1, j\neq i}^{n} w_j^- \leqslant 1$, 则称区间模糊偏好关系 $\tilde{\boldsymbol{B}} = (\tilde{b}_{ij})_{n\times n}$ 是乘法一致的.

定义 2.16[102,103] 集合 $X = \{x_1, x_2, \cdots, x_n\}$ 上的区间乘法偏好关系 $\tilde{\boldsymbol{A}}$ 采用区间乘法判断矩阵 $\tilde{\boldsymbol{A}} = (\tilde{a}_{ij})_{n\times n} \subset X \times X$ 表示, 其中 $\tilde{a}_{ij} = [\underline{a}_{ij}, \bar{a}_{ij}]$ 是区间数, 表示元素 x_i 优于元素 x_j 的偏好度或者强度介于 $\underline{a}_{ij}$ 和 $\bar{a}_{ij}$ 之间. 另外, $\underline{a}_{ij}$ 和 $\bar{a}_{ij}$ 还满足条件 $0 < \underline{a}_{ij} \leqslant \bar{a}_{ij}$, $\underline{a}_{ij}\bar{a}_{ji} = 1$, $\underline{a}_{ii} = \bar{a}_{ii} = 1$, $i, j = 1, 2, \cdots, n$.

Li, Wang 和 Tong[131] 给出了区间值乘法偏好关系的乘法一致性, 具体如下.

定义 2.17[131] 对区间乘法判断矩阵 $\tilde{\boldsymbol{A}}=(\tilde{a}_{ij})_{n\times n}$, 如果对于任意的 $i,j,k=1,2,\cdots,n$ 有乘法传递性 $\tilde{a}_{ij}\otimes\tilde{a}_{jk}\otimes\tilde{a}_{ki}=\tilde{a}_{ik}\otimes\tilde{a}_{kj}\otimes\tilde{a}_{ji}$ 成立, 则称区间模糊偏好关系 $\tilde{\boldsymbol{A}}$ 是乘法一致的.

根据区间数乘法运算可得到如下推论:

区间模糊偏好关系 $\tilde{\boldsymbol{A}}$ 是乘法一致的当且仅当对于任意的 $i,j,k=1,2,\cdots,n$ 有 $\underline{a}_{ik}\bar{a}_{ik}=\underline{a}_{ij}\bar{a}_{ij}\underline{a}_{jk}\bar{a}_{jk}$ 成立.

2.4 直觉模糊偏好关系的概念

用实数或区间数表示方案之间的偏好信息, 仅考虑了决策者评价的隶属度, 而忽略了实际问题中决策者评判时所存在的非隶属度和犹豫度. 因此, 结合直觉模糊值的概念, Xu[17] 首次提出了直觉模糊偏好关系的概念. 直觉模糊偏好关系的一致性分为加法一致性和乘法一致性. 乘法一致性更注重直觉模糊偏好关系中元素的互补性, 通常应用于补全不完整的直觉模糊偏好关系的缺失元素. 本书中, 我们仅讨论加法一致的直觉模糊偏好关系.

定义 2.18[17,74] 集合 X 上的直觉模糊偏好关系 $\boldsymbol{R}$ 采用直觉模糊判断矩阵 $\boldsymbol{R}=(\tilde{r}_{ij})_{n\times n}\subset X\times X$ 表示, 其中 $\tilde{r}_{ij}=(\mu_{ij},\nu_{ij})$ 是直觉模糊值, μ_{ij} 表示元素 x_i 优于元素 x_j 的程度, ν_{ij} 表示元素 x_i 劣于元素 x_j 的程度, $\pi_{ij}=1-\mu_{ij}-\nu_{ij}$ 表示元素 x_i 优于元素 x_j 的犹豫度. 另外, μ_{ij} 和 ν_{ij} 还满足下列的条件:

$$0\leqslant\mu_{ij}+\nu_{ij}\leqslant 1,\quad \mu_{ij}=\nu_{ji},\quad \nu_{ij}=\mu_{ji},\quad \mu_{ii}=\nu_{ii}=0.5,\quad i,j=1,2,\cdots,n.$$

定义 2.19[17] 一个直觉模糊偏好关系 $\boldsymbol{R}=(\tilde{r}_{ij})_{n\times n}$ 是一致的, 当且仅当存在一组向量 $\boldsymbol{w}=(w_1,w_2,\cdots,w_n)^{\mathrm{T}}$ 使得下式成立:

$$\mu_{ij}\leqslant 0.5(w_i-w_j+1)\leqslant 1-\nu_{ij},\quad \forall i,j=1,2,\cdots,n, \tag{2.7}$$

其中, $\boldsymbol{w}$ 是优先级权重, 满足对于所有的 $w_i\geqslant 0\ (i=1,2,\cdots,n)$ 且 $\sum\limits_{i=1}^{n}w_i=1$; 否则, $\boldsymbol{R}=(\tilde{r}_{ij})_{n\times n}$ 是不一致的.

2.5 群决策的理论基础

2.5.1 群决策概述

科学技术的发展和社会竞争的激烈, 使得许多现实的管理决策问题的复杂程度大大提高. 单个决策者受能力的局限, 难以全面考虑问题的各个方面, 因此单个专家很难对整个决策问题给出合理的判断. 为了减少单人决策的失误, 充分发挥集体的智慧, 提高决策水平和效率, 现实的管理决策问题经常由多人共同参与决策, 因此产生了群决策[10−13] 研究. 由多名专家共同参与决策, 各专家对不同方案给出评估信息, 建立科学的数学模型, 按照选定的方法计算, 根据计算结果对评价方案排序, 从而选择出最优方案. 参与决策的所有专家组成了决策群体.

由多名专家共同参与决策, 不仅可以群策群力, 打破个人知识有限的壁垒, 而且有利于维护决策的客观性. 群决策已经广泛运用于管理、军事、社会及经济等诸多领域, 如经济筹划、质量评估、投资决策、项目招标以及绩效评估等, 由于客观事物的复杂性和人类思维的模糊性, 专家给出的评估信息存在一定的不确定性和模糊性. 因为模糊集在刻画不确定性方面具有明显的优势, 所以模糊群决策在学术界引起了极大的关注. 经过几十年的发展, 模糊群决策在理论研究和方法应用方面都取得了丰硕的研究成果.

在直觉模糊偏好关系的群决策问题中, 每个专家对方案进行两两比较, 给出个体的直觉模糊偏好关系. 通过对个体的直觉模糊偏好关系进行加权集结, 可以得到群体的直觉模糊偏好关系, 从而确定方案的排序. 此类群决策问题可以描述为:

对于某一群决策问题, 令 $E=\{e_1,e_2,\cdots,e_q\}$ 是专家集, $X=\{x_1,x_2,\cdots,x_n\}$ 是方案集. 专家 $e_k(k=1,2,\cdots,q)$ 能够提供方案两两比较的偏好信息并建立相应的个人直觉模糊偏好关系 $\boldsymbol{R}^k=(\tilde{r}_{ij}^k)_{n\times n}$, 其中 $\tilde{r}_{ij}^k=(\mu_{ij}^k,\nu_{ij}^k)$ 是直觉模糊值, μ_{ij}^k 是专家 e_k 给出的方案 x_i 优于 x_j 的程度, ν_{ij}^k 是专家 e_k 给出的方案 x_i 不优于 x_j 的程度. 根据直觉模糊偏好关系的性质, 直觉模糊偏好关系 $\boldsymbol{R}^k=(\tilde{r}_{ij}^k)_{n\times n}$ 中元素 $\tilde{r}_{ij}^k(k=1,2,\cdots,q)$ 满足下面的条件:

$$0\leqslant\mu_{ij}^k+\nu_{ij}^k\leqslant 1,\quad \mu_{ij}^k=\nu_{ji}^k,\quad \nu_{ij}^k=\mu_{ji}^k,\quad \mu_{ii}^k=\nu_{ii}^k=0.5,\quad \forall i,j=1,2,\cdots,n.$$

基于直觉模糊偏好关系的群决策问题所要探讨的是, 如何根据专家的个体直觉模糊偏好关系 $\boldsymbol{R}^k=(\tilde{r}_{ij}^k)_{n\times n}$ $(k=1,2,\cdots,q)$ 导出方案的群体优先级权重向量, 从而给出方案的群体排序结果, 对方案进行排序.

群体的直觉模糊偏好关系可以通过集结单个专家的个体直觉模糊偏好关系得到, 具体方法如下.

定理 2.3[74]　专家 e_k 给出个体直觉模糊偏好关系 $\boldsymbol{R}^k=(\tilde{r}_{ij}^k)_{n\times n}(k=1,2,\cdots,q)$, 其中 $\tilde{r}_{ij}^k=(\mu_{ij}^k,\nu_{ij}^k)$. 假设 $\boldsymbol{\lambda}=(\lambda_1,\lambda_2,\cdots,\lambda_q)^{\mathrm{T}}$ 是专家的权重向量, 其中 λ_k 代表专家 e_k 在群决策中的重要度, 而且满足条件 $\sum\limits_{k=1}^{q}\lambda_k=1$ 和 $\lambda_k\geqslant 0(k=1,2,\cdots,q)$, 那么集结的矩阵 $\boldsymbol{R}=(\tilde{r}_{ij})_{n\times n}$ 是群体的直觉模糊偏好关系, 可以通过下式得到:

$$\tilde{r}_{ij}=(\mu_{ij},\nu_{ij}),\quad \mu_{ij}=\sum_{k=1}^{q}\lambda_k\mu_{ij}^k,\quad \nu_{ij}=\sum_{k=1}^{q}\lambda_k\nu_{ij}^k,\quad \forall i,j=1,2,\cdots,n \tag{2.8}$$

根据定理 2.3, 通过集结 q 个专家的个体直觉模糊偏好关系 $\boldsymbol{R}^k=(\tilde{r}_{ij}^k)_{n\times n}(k=1,2,\cdots,q)$, 得到了群体直觉模糊偏好关系 $\boldsymbol{R}=(\tilde{r}_{ij})_{n\times n}$.

2.5.2 群决策中群体一致性的分析

群决策问题中, 由于不同决策者具有不同专业领域和不同学历背景, 所以决策者将会提供不同的意见, 这些意见之间会有较大的差异. 群体一致性分析能够消除决策者的非共识性, 尽管各方意见不同, 但能够找到一个使得全体成员认可的解决方案. 因此决策过程中应考虑群体一致性, 从而提高决策的合理性和可信性. 理想情况下的结果是希望决策群体中所有决策者对方案的偏好信息完全一致, 也就是说他们对方案偏好具有相同的意见, 但是很多实际情况下, 这种完全一致的意见却很难达到, 特别是在复杂的群决策问题中.

因此, Herrera 和 Herrera-Viedma[104] 提出 "软" 共识 (soft consensus) 的概念. "软" 共识可用于度量决策者意见之间的相似性或不相似性. 之后, "软" 共识水平广泛用于群决策中[105]. "软" 共识可更加灵活地反映决策群体的大部分意见. 基于 "软" 共识的一致性, 建模的研究越来越受到决策科学界的关注[106−111]. 通常情况下, "软" 共识利用决策者意见之间的相似性或不相似性度量来衡量. 通过比较决策者意见之间的相似性或不相似性和一致性阈值, 确定决策群体是否达到了可接受一致.

Chiclana, Tapia Garcia 和 Del Moral 等[112] 用曼哈顿距离、欧几里得距离、骰子距离、余弦距离、Jaccard 距离等不同的距离函数来度量群体共识程度. 距离函数可用来计算决策者给出的意见之间的相似性, 不同的距离函数会产生不同的计算结果, 还会影响群决策过程中群体达成一致的速度. 因此, 在 "软" 共识中, 如何根据具体的群决策问题选择合适的距离函数是非常重要的. 另外, 事先给定的一致性阈值通常要求在区间 [0, 1] 内. 显然, 一致性阈值的确定对于群决策结果也很重要, 但是至今没有统一的方法确定合适的一致性阈值. 仅有 Herrera-Viedma, Martinez 和 Mata 等[113] 提出了一种定性地确定一致性阈值的方法. 在实际问题中, 一致性阈值可以根据决策问题的特征和需求由一组决策者或一个领导者确定. 如果决策非常重要, 应该赋予一致性阈值较严格的限制. 如果决策需要比较紧急迅速地确定最优方案, 则应给一致性阈值赋予较宽松的限制.

2.5.2.1 基于模糊偏好关系的群体一致性分析

考虑到 "软" 共识衡量群体一致性所存在的一些问题, 不同于 "软" 共识的概念, 针对模糊偏好关系的群决策问题, Xu 和 Cai[75] 提出了群体一致性的概念, 具体如下:

决策者 e_k 给出个体模糊偏好关系 $\boldsymbol{B}_k=(b_{ijk})_{n\times n}$, 其元素满足 $0\leqslant b_{ijk}\leqslant 1$,

$b_{ijk}+b_{jik}=1$, $b_{iik}=0.5$ $(i,j=1,2,\cdots,n;\ k=1,2,\cdots,m)$. 令 $\boldsymbol{w}=(w_1,w_2,\cdots,w_m)^{\mathrm{T}}$ 是模糊偏好关系 $\boldsymbol{B}_k=(b_{ijk})_{n\times n}$ 的权重向量, 满足 $w_k\geqslant 0(k=1,2,\cdots,m)$ 且 $\sum\limits_{k=1}^{m}w_k=1$.

为了得到群体意见, 利用加权算术平均算子集成个体模糊偏好关系, 得到群体模糊偏好关系 $\boldsymbol{B}=(b_{ij})_{n\times n}$, 其中

$$b_{ij}=\sum_{k=1}^{m}w_k b_{ijk}\quad(i,j=1,2,\cdots,n).\tag{2.9}$$

接下来我们讨论个体意见和群体意见之间的关系.

如果个体模糊偏好关系 $\boldsymbol{B}_l$ 与群体模糊偏好关系 $\boldsymbol{B}$ 是一致的, 那么 $\boldsymbol{B}_l=\boldsymbol{B}$. 这种情况下, $\boldsymbol{B}_l$ 中的每个偏好值 b_{ijl} 应该等于 $\boldsymbol{B}$ 中相应的偏好值 b_{ij}, 也就是 $b_{ijl}=b_{ij}(i,j=1,2,\cdots,n)$. 利用式 (2.9), 可得

$$b_{ijl}=\sum_{k=1}^{m}w_k b_{ijk}\quad(i,j=1,2,\cdots,n).\tag{2.10}$$

如果所有的个体模糊偏好关系 $\boldsymbol{B}_l(l=1,2,\cdots,m)$ 均与群体模糊偏好关系 $\boldsymbol{B}$ 是一致的, 那么式 (2.10) 会对于所有的 $l=1,2,\cdots,m$ 成立, 即

$$b_{ijl}=\sum_{k=1}^{m}w_k b_{ijk}\quad(i,j=1,2,\cdots,n;\ l=1,2,\cdots,m).\tag{2.11}$$

这种情况下, 群体达到了完全一致. 考虑到模糊偏好关系的定义, 式 (2.11) 等价于下式:

$$b_{ijl}=\sum_{k=1}^{m}w_k b_{ijk}\quad(i,j=1,2,\cdots,n;\ i<j;\ l=1,2,\cdots,m).\tag{2.12}$$

2.5.2.2 基于直觉模糊偏好关系的群体一致性分析

受 Xu 和 Cai[75] 的启发, 针对直觉模糊偏好关系的群决策问题, 我们分析其群体一致性.

如果单个专家的直觉模糊偏好关系 $\boldsymbol{R}^l$ 与群体的直觉模糊偏好关系 $\boldsymbol{R}$ 是完全一致的, 也就是说, 专家 e_l 对于方案两两比较的偏好给出的意见和群体的意见是一致的, 那么 $\boldsymbol{R}^l=\boldsymbol{R}$. 这样, 专家 e_l 给出的 $\boldsymbol{R}^l$ 中每个偏好元素 $\tilde{r}_{ij}^l$ 都应该等于 $\boldsymbol{R}$ 中相应的偏好元素 $\tilde{r}_{ij}$. 换言之, 对于 $i,j=1,2,\cdots,n$, $\tilde{r}_{ij}^l=\tilde{r}_{ij}$. 通过式 (2.8), 我们可以得到如下关系式:

$$\mu_{ij}^l=\sum_{k=1}^{q}\lambda_k\mu_{ij}^k,\quad \nu_{ij}^l=\sum_{k=1}^{q}\lambda_k\nu_{ij}^k,\quad \forall i,j=1,2,\cdots,n.\tag{2.13}$$

如果所有专家的个体直觉模糊偏好关系 $\boldsymbol{R}^l(l=1,2,\cdots,q)$ 与群体的直觉模糊集都是一致的, 那么式 (2.13) 对于所有的 $l=1,2,\cdots,q$ 均成立, 即有

$$\mu_{ij}^l=\sum_{k=1}^{q}\lambda_k\mu_{ij}^k,\quad \nu_{ij}^l=\sum_{k=1}^{q}\lambda_k\nu_{ij}^k,\quad \forall i,j=1,2,\cdots,n;\ l=1,2,\cdots,q. \tag{2.14}$$

考虑直觉模糊偏好关系的定义, 式 (2.14) 可以简化为如下:

$$\mu_{ij}^l=\sum_{k=1}^{q}\lambda_k\mu_{ij}^k,\quad \nu_{ij}^l=\sum_{k=1}^{q}\lambda_k\nu_{ij}^k,\quad \forall i,j=1,2,\cdots,n;\ j>i;\ l=1,2,\cdots,q. \tag{2.15}$$

在满足式 (2.15) 的情况下, 决策群体即达到了完全一致. 然而, 这是一种完全理想的情况, 在现实的群决策问题中决策群体很难达到完全一致.

2.6 本 章 小 结

本章对模糊集、直觉模糊集、直觉模糊偏好关系和群决策的相关概念和理论基础进行了回顾, 并分析了直觉模糊偏好关系的一致性和群决策的一致性. 这些基本知识, 不仅为感兴趣的读者提供了关于模糊集合和直觉模糊集合的理论概貌, 而且为本书的后续研究内容打下了夯实的理论基础. 尤其是关于直觉模糊偏好关系的群体一致性分析, 可以用来确定专家的权重向量, 详见第 4 章.

第 3 章　直觉模糊值的排序方法

在直觉模糊多属性决策问题中, 直觉模糊值的排序是一个首要解决的关键问题. 因为直觉模糊集是模糊集的拓展, 所以关于模糊数的排序方法不能简单直接推广到直觉模糊值. 因此本章探讨直觉模糊值的排序方法. 其次, 考虑到专家的风险态度, 本章提出了基于风险态度的直觉模糊值的排序方法. 运用所提出的基于风险态度的直觉模糊值的排序方法, 本章还研究了不完全权重信息下的直觉模糊多属性决策问题, 并提出了相应的决策方法.

3.1　现有直觉模糊值的排序方法

直觉模糊值的排序是研究直觉模糊决策理论与方法的关键问题. 对于两个直觉模糊值 $\tilde{a}_i=(\mu_i,\nu_i)(i=1,2)$, Atanassov[76] 提出了直觉模糊值的 Atanassov 序, 通常可表示如下:

$$\tilde{a}_2 \leqslant_p \tilde{a}_1 \Leftrightarrow \mu_1 \geqslant \mu_2 \wedge \nu_1 \leqslant \nu_2. \tag{3.1}$$

Atanassov 序 $\leqslant_p$ 可以看成自然序, 但它仅仅是直觉模糊值的偏序, 不能对所有的直觉模糊值进行排序. 此后, 很多学者开始关注于直觉模糊值排序的研究. 我们先对一些典型的方法进行回顾.

3.1.1　基于得分函数和精确函数的排序方法

对于直觉模糊值 $\tilde{a}_i=(\mu_i,\nu_i)$, Chen 和 Tan[77] 定义了它的得分函数 $S(\tilde{a}_i)=\mu_i-\nu_i$. 之后, Hong 和 Choi[78] 又给出了它的精确函数 $H(\tilde{a}_i)=\mu_i+\nu_i$. 在此基础上, Xu[79] 提出了直觉模糊值的排序方法. 对于任意两个直觉模糊值 $\tilde{a}_i=\langle\mu_i,\nu_i\rangle(i=1,2)$, 它们的序关系可以定义为如下形式:

(1) 如果 $S(\tilde{a}_1)<S(\tilde{a}_2)$, 那么 $\tilde{a}_1$ 小于 $\tilde{a}_2$, 记为 $\tilde{a}_1<\tilde{a}_2$.

(2) 如果 $S(\tilde{a}_1)=S(\tilde{a}_2)$, 那么

(i) 如果 $H(\tilde{a}_1)<H(\tilde{a}_2)$, 那么 $\tilde{a}_1<\tilde{a}_2$;

(ii) 如果 $H(\tilde{a}_1)=H(\tilde{a}_2)$, 那么 $\tilde{a}_1$ 与 $\tilde{a}_2$ 无差别, 记为 $\tilde{a}_1=\tilde{a}_2$.

上述的排序方法尽管简单实用, 但稳健性不高, 我们通过下面的例子进行说明.

例 3.1　考虑三个直觉模糊值 $\tilde{a}_1=(0.3,0.2)$, $\tilde{a}_2=(0.5,0.4)$ 和 $\tilde{a}_3=(0.3001, 0.2)$.

通过计算, 我们可以得到 $S(\tilde{a}_1) = S(\tilde{a}_2) = 0.1$ 和 $H(\tilde{a}_1) = 0.5 < H(\tilde{a}_2) = 0.9$. 因此, $\tilde{a}_1$ 小于 $\tilde{a}_2$. 另外, 因为 $S(\tilde{a}_2) < S(\tilde{a}_3) = 0.1001$, 我们可以得到结论: $\tilde{a}_2$ 小于 $\tilde{a}_3$. 然而 $\tilde{a}_3$ 只是在 $\tilde{a}_1$ 的隶属度上增加了 0.0001 的波动, 但却导致相反的排序结果. 因此, 基于得分函数和精确函数的排序方法稳定性欠佳.

3.1.2 Szmidt 和 Kacprzyk 的方法

为得到方案的排序, Szmidt 和 Kacprzyk[80] 针对直觉模糊值 x 提出了一个新的测度 $R(x)$, 如下:

$$R(x) = 0.5\left(1 + \frac{1}{2}\pi(x)\right) d_{\mathrm{IFS}}(M, x), \tag{3.2}$$

其中, $d_{\mathrm{IFS}}(M, x)$ 表示 x 到正理想点 $M(1, 0, 0)$ 的距离.

Szmidt 和 Kacprzyk[80] 利用犹豫度和距离来定义直觉模糊值的排序测度, 然而, 式 (3.2) 只考虑了与正理想解的距离, 而忽略了负理想解 $N(0, 1, 0)$. 根据 TOPSIS 法, 在决策中, 与负理想解的距离和与正理想解的距离同样重要. 另外, Guo[81] 也指出式 (3.2) 可能会导致不合理的结果.

例 3.2 考虑两个直觉模糊值 $\tilde{a}_1 = (0.7, 0.1)$ 和 $\tilde{a}_2 = (0.6, 0.3)$.

通过式 (3.2), 可以得到 $R(\tilde{a}_1) = 0.165$ 和 $R(\tilde{a}_2) = 0.210$. 因此, 使用 Szmidt 和 Kacprzyk[80] 的方法, 可以得到 $\tilde{a}_1$ 小于 $\tilde{a}_2$.

然而, 利用 Atanassov 序, 可得到 $\tilde{a}_2$ 小于 $\tilde{a}_1$. Atanassov 序是直觉模糊值的自然序, 也就是说, 一个合理的排序方法应该满足 Atanassov 序, 否则这样的排序是不合理的, 也不应该应用于决策中.

3.1.3 Guo 的方法

对于直觉模糊值 x, Guo[81] 提出了一个新的测度 $Z(x)$ 用于直觉模糊值的排序, 如下:

$$Z(x) = \left(1 - \frac{1}{2}\pi(x)\right)\left(\mu(x) + \frac{1}{2}\pi(x)\right). \tag{3.3}$$

考虑到专家的风险态度, 式 (3.3) 可以进一步拓展为

$$Z_Q(x) = \left(1 - \frac{t}{t+1}\pi(x)\right)\left(\mu(x) + \frac{1}{t+1}\pi(x)\right), \tag{3.4}$$

其中参数 t 表示专家的风险态度, 而且 $t > 0$.

虽然 Guo[81] 的方法看起来是有效的, 但是类似于 Szmidt 和 Kacprzyk[80] 的方法, Guo 也仅仅考虑了与 $M(1, 0, 0)$ 的距离. 另外, Guo[81] 的方法还有一个不足, 即

从式 (3.3) 到式 (3.4) 的转化稍显牵强, 其中式 (3.4) 是直接将式 (3.3) 中的两个分数 $\frac{1}{2}$ 改为 $\frac{t}{t+1}$ 和 $\frac{1}{t+1}$, 而并没有给出更进一步的合理性解释与说明.

3.1.4 Szmidt 等的方法

Szmidt 等[82] 定义了直觉模糊值 x 的信息量 $K(x)$, 如下:

$$K(x) = 1 - \frac{1}{2}(E(x) + \pi(x)), \tag{3.5}$$

其中 $E(x) = a/b$ 是熵, a 代表 x 与较近的元素 x_{near} 的距离, b 代表 x 与较远的元素 x_{far} 的距离, x_{near} 和 x_{far} 分别是 $M(1,0,0)$ 或 $N(0,1,0)$.

Szmidt 等[82] 不但考虑了直觉模糊值的犹豫度, 也考虑了直觉模糊值到 $M(1,0,0)$ 和 $N(0,1,0)$ 的距离. 然而, $K(x)$ 可以度量直觉模糊值的信息量和不确定程度, 但不能用于直觉模糊值的排序. 因为对于直觉模糊值 x, 可以得到 $K(x) = K(x^{\text{c}})$, 也就是说, 直觉模糊值和它的补集有相同的不确定度, 所以我们无法通过信息量测度 $K(x)$ 来比较 x 和 x^{c} 的大小.

3.2 直觉模糊值新的字典序排序方法

为弥补现有的直觉模糊值排序方法的不足, 本节将提出直觉模糊值新的字典序排序方法.

3.2.1 直觉模糊值的可信度

对于直觉模糊集 $\tilde{A}$ 中的元素 x, 它的隶属度 $\mu_A(x)$、非隶属度 $\nu_A(x)$ 和犹豫度 $\pi_A(x)$ 满足条件 $\mu_A(x), \nu_A(x), \pi_A(x) \in [0,1]$ 和 $\mu_A(x) + \nu_A(x) + \pi_A(x) = 1$.

根据文献 [76, 80], IFS 的几何表示可以用二维图来说明, 如图 3.1 所示. 虽然采用二维图表示直觉模糊值, 但直觉模糊值的三个函数 (隶属函数、非隶属函数和犹豫度) 都可以同时考虑在内. 直觉模糊集中任何一个元素都可以用三角形 MON(简写为 $\triangle MON$) 中的一个点表示. 特别地, $M = (1,0,0)$ 和 $N = (0,1,0)$ 分别代表实数 1 和 0. 换言之, 点 M 的 $\mu = 1$ 表示元素完全属于直觉模糊集, 它可以看成正的理想点 (元素、直觉模糊值). 类似地, 点 N 的 $\nu = 1$ 表示元素完全不属于直觉模糊集, 它可以看成负理想点. 点 $O = (0,0,1)$ 的 $\pi = 1$ 表示我们完全不能确定元素是否属于直觉模糊集, 因此点 $O = (0,0,1)$ 代表的不确定性最大. 线段 MN 上的点表示元素是模糊集, 也就是 $\mu + \nu = 1$ 且 $\pi = 0$. 在 $\triangle MON$ 中, 平行于 MN 的线段上的点代表具有相同犹豫度的元素. 图 3.1 不仅可以为直觉模糊值提供直观的解释, 而且还可以从多个方面解释直觉模糊值的几何意义.

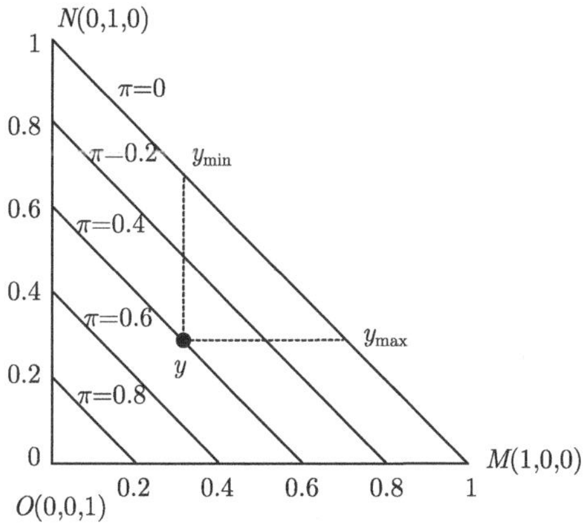

图 3.1 直觉模糊值的几何表示

为了分析直觉模糊值的排序, 我们首先引用下面的算子[76]:

$$D_\alpha(\tilde{A}) = \{(x, \mu_A(x) + \alpha\pi_A(x), \nu_A(x) + (1-\alpha)\pi_A(x))|x \in X\},$$

$$F_{\alpha,\beta}(\tilde{A}) = \{(x, \mu_A(x) + \alpha\pi_A(x), \nu_A(x) + \beta\pi_A(x))|x \in X\},$$

其中, $\tilde{A} \in \mathrm{IFS}(X)$, $\mathrm{IFS}(X)$ 表示论域 X 上的所有直觉模糊集的全体, $\alpha, \beta \in [0,1]$, 且 $\alpha + \beta \leqslant 1$.

从图 3.1 中发现, 对于 $\triangle MON$ 中的任一点 $y = (\mu_A(y), \nu_A(y), \pi_A(y))$, 当 $\alpha = 0$ 时, 点 $D_\alpha(y) = y_{\min}$, 即 $y_{\min} = (\mu_A(y), \nu_A(y) + \pi_A(y), 0)$; 当 $\alpha = 1$ 时, 点 $D_\alpha(y) = y_{\max}$, 即 $y_{\max} = (\mu_A(y) + \pi_A(y), \nu_A(y), 0)$. 算子 $F_{\alpha,\beta}$ 可以将 y 变为三角形 $y_{\min}yy_{\max}$ (简写 $\triangle y_{\min}yy_{\max}$) 中的任一点. 特别地, 点 $O = (0,0,1)$ 可以通过 $F_{\alpha,\beta}$ 变为 $\triangle MON$ 中的任一点. 很明显, $\triangle y_{\min}yy_{\max}$ 的面积为 $S_{\triangle y_{\min}yy_{\max}} = \dfrac{1}{2}\pi_A(y)^2$, 其值度量了直觉模糊值的犹豫度. $\triangle y_{\min}yy_{\max}$ 的面积越小, 直觉模糊值 y 所提供的信息越可信, 其在排序中也就越优.

因此, 定义直觉模糊值的可信度如下:

$$\bar{S}(y) = 1 - \frac{1}{2}\pi_A(y)^2, \tag{3.6}$$

$\bar{S}(y)$ 是对直觉模糊值的信息的可信度的衡量, 根据直觉模糊值的几何表示, 它有直观的几何意义.

然而, 在 $\triangle MON$ 中, 由于平行于 MN 的线段上的点具有相同的犹豫度, 这些点所对应的 $\triangle y_{\min}yy_{\max}$ 的面积也是相等的, 那么它们的可信度也是相同的. 特别地, 对于线段 MN 上的点, 有 $S_{\triangle y_{\min}yy_{\max}} = 0$, 而且线段 MN 上的点的序关系很容易给出. 然而, 按照 $\bar{S}(y) = 1 - \dfrac{1}{2}\pi_A(y)^2$ 来对直觉模糊值排序, 线段 MN 上的点有相同的序, 这显然是不合理的. 为了更清楚地说明上述情况, 我们用图 3.2 来描述函数 $S_{\triangle y_{\min} y y_{\max}} = \frac{1}{2}\pi_A(y)^2$ 的图像, 其中, x 轴表示隶属度, y 轴表示非隶属度, z 轴表示 $S_{\triangle y_{\min} y y_{\max}}$ 的值.

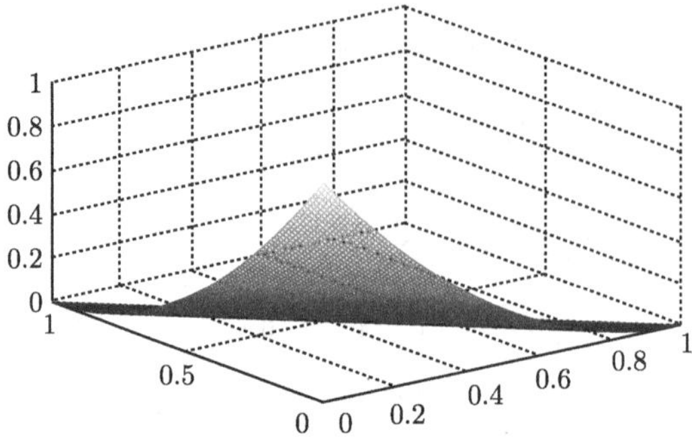

图 3.2　函数 $S_{\triangle y_{\min} y y_{\max}} = \frac{1}{2}\pi_A(y)^2$

3.2.2　直觉模糊值的贴近度

通过上述分析, 我们发现如何对具有相同犹豫度的直觉模糊值排序是急需解决的问题. 根据 TOPSIS 法, 直觉模糊值 y 与 M 的距离越近, 同时与 N 的距离越远, 那么直觉模糊值 y 就越优. 因此, 直觉模糊值 y 的贴近度 $C(y)$ 可以定义为

$$C(y) = \frac{d(y,N)}{d(y,M)+d(y,N)}, \tag{3.7}$$

其中 $d(y,N)$ 是直觉模糊值 y 到 $N(0,1,0)$ 的汉明距离, $d(y,M)$ 是直觉模糊值 y 到 $M(1,0,0)$ 的汉明距离.

利用式 (2.3), 直觉模糊值 y 的贴近度可以通过下式计算:

$$C(y) = \frac{1-\nu(y)}{1+\pi(y)}, \tag{3.8}$$

$C(y)$ 的值越大, 直觉模糊值 y 也就越优.

定理 3.1　对于直觉模糊值 $\tilde{a} = (\mu,\nu)$, 有 $C(\tilde{a}) + C(\tilde{a}^{\mathrm{c}}) = 1$.

证明: 对直觉模糊值 $\tilde{a} = (\mu,\nu)$, 有 $\tilde{a}^{\mathrm{c}} = (\nu,\mu)$. 因此, 根据式 (3.8) 可得

$$\begin{aligned} C(\tilde{a}) + C(\tilde{a}^{\mathrm{c}}) &= \frac{1-\nu(y)}{1+\pi(y)} + \frac{1-\mu(y)}{1+\pi(y)} \\ &= \frac{2-\mu(y)-\nu(y)}{1+\pi(y)} \\ &= \frac{1+\pi(y)}{1+\pi(y)} \\ &= 1. \end{aligned}$$

定理 3.1 证毕.

3.2.3 直觉模糊值的字典序排序方法

通过上述分析, 我们发现直觉模糊值 y 的可信度 $\bar{S}(y)$ 越大, 同时贴近度 $C(y)$ 越大, 那么直觉模糊值 y 越优. 因此, 直觉模糊值 y 的贴近度和可信度可以表示为向量:

$$\boldsymbol{V}(y)=\left(C(y),\ \bar{S}(y)\right), \tag{3.9}$$

其中, $C(y)=\dfrac{1-\nu(y)}{1+\pi(y)}$, $\bar{S}(y)=1-\dfrac{1}{2}\pi^2(y)$.

定理 3.2 对于任意的直觉模糊值 $y=(\mu(y),\nu(y))$, 向量 $\boldsymbol{V}(y)=\left(C(y),\ \bar{S}(y)\right)$ 可以转化为区间数 $I(y)=[C(y),\bar{S}(y)]$.

证明: 因为

$$C(y)=\frac{1-\nu(y)}{1+\pi(y)},\quad \bar{S}(y)=1-\frac{1}{2}\pi^2(y),$$

定理 3.2 的证明可以转化为证明不等式 $\dfrac{1-\nu(y)}{1+\pi(y)}\leqslant 1-\dfrac{1}{2}\pi^2(y)$ 成立.

注意到 $\nu(y),\pi(y)\in[0,1]$, 我们可以得到

$$\nu(y)\geqslant 0,\quad \frac{1}{2}\pi(y)\left(\pi(y)-1\right)\leqslant 0,$$

因此,

$$\frac{1}{2}\pi(y)\left(\pi(y)-1\right)\leqslant \nu(y).$$

于是, 可得

$$1-\nu(y)\leqslant 1-\frac{1}{2}\pi(y)\left(\pi(y)-1\right)=\left[1-\frac{1}{2}\pi(y)\right]\left(1+\pi(y)\right).$$

考虑到 $1+\pi(y)>0$, 因此, 有下式成立:

$$\frac{1-\nu(y)}{1+\pi(y)}\leqslant 1-\frac{1}{2}\pi(y)\leqslant 1-\frac{1}{2}\pi^2(y),$$

也就是说 $C(y)\leqslant\bar{S}(y)$, 所以定理 3.2 成立, 证毕.

定理 3.2 说明了贴近度 $C(y)$ 和可信度 $\bar{S}(y)$ 可以构成区间数. 对于区间数而言, 区间数的左端点和右端点越大, 区间数就越大. 类似地, 贴近度 $C(y)$ 和可信度 $\bar{S}(y)$ 的值越大, 直觉模糊值 y 越大.

因此, 对于任意两个直觉模糊值 $\tilde{a}_i=(\mu_i,\nu_i)(i=1,2)$, 直觉模糊值 $\tilde{a}_i$ 的贴近度和可信度可以直接表示为区间数 $I(\tilde{a}_i)=[C(\tilde{a}_i),\bar{S}(\tilde{a}_i)]$. 经过上述分析, $\tilde{a}_1\leqslant\tilde{a}_2$ 等价于 $I(\tilde{a}_1)\leqslant I(\tilde{a}_2)$, 其中 $\tilde{a}_1\leqslant\tilde{a}_2$ 表示 $\tilde{a}_1$ 小于或等于 $\tilde{a}_2$. 因此, 对直觉模糊值 $\tilde{a}_i=(\mu_i,\nu_i)(i=1,2)$, 我们提出新的字典序排序方法如下:

(1) 如果 $C(\tilde{a}_1) < C(\tilde{a}_2)$, 那么 $\tilde{a}_1$ 小于 $\tilde{a}_2$, 记为 $\tilde{a}_1 < \tilde{a}_2$.

(2) 如果 $C(\tilde{a}_1) = C(\tilde{a}_2)$, 那么

(i) 如果 $\bar{S}(\tilde{a}_1) < \bar{S}(\tilde{a}_2)$, 那么 $\tilde{a}_1 < \tilde{a}_2$;

(ii) 如果 $\bar{S}(\tilde{a}_1) = \bar{S}(\tilde{a}_2)$, 那么 $\tilde{a}_1$ 与 $\tilde{a}_2$ 无差别, 也就是说 $\tilde{a}_1 = \tilde{a}_2$.

命题 3.1　对于任意两个直觉模糊值 $\tilde{a}_i = (\mu_i, \nu_i)(i = 1, 2)$, 如果 $\mu_1 \leqslant \mu_2$ 且 $v_1 \geqslant v_2$, 那么 $\tilde{a}_1 \leqslant \tilde{a}_2$. 换句话说, 如果 $\tilde{a}_1 \leqslant_p \tilde{a}_2$, 那么 $\tilde{a}_1 \leqslant \tilde{a}_2$.

证明: 根据式 (3.8), 可得

$$C(\tilde{a}_i) = \frac{1-\nu_i}{1+\pi_i} = \frac{1-\nu_i}{2-\mu_i-\nu_i} \quad (i = 1, 2).$$

因此, 命题 3.1 的证明可以分为两部分:

(i) 如果 $\mu_1 \leqslant \mu_2$ 且 $v_1 > v_2$ 或者 $\mu_1 < \mu_2$ 且 $v_1 \geqslant v_2$, 则 $C(\tilde{a}_1) < C(\tilde{a}_2)$.

(ii) 如果 $\mu_1 = \mu_2$ 且 $v_1 = v_2$, 那么 $C(\tilde{a}_1) = C(\tilde{a}_2)$. 同时, 这种情况下, $\pi_1 = 1 - \mu_1 - v_1 = 1 - \mu_2 - v_2 = \pi_2$, 也就是说 $\bar{S}(\tilde{a}_1) = \bar{S}(\tilde{a}_2)$. 根据字典序排序方法可以得到 $\tilde{a}_1 = \tilde{a}_2$.

因此, 综合上述两种情况, $\tilde{a}_1 \leqslant \tilde{a}_2$ 一定会成立, 命题 3.1 证毕.

命题 3.1 说明了所提出的直觉模糊值的字典序排序方法符合直觉模糊值的 Atanassov 偏序.

例 3.3　以 $M(1,0,0)$, $N(0,1,0)$ 和 $O(0,0,1)$ 三个直觉模糊值为例, 根据所提出的字典序排序方法, 我们可以得到 $C(M) = 1$, $C(O) = \dfrac{1}{2}$ 和 $C(N) = 0$. 因此, $M > O > N$, 这和 Guo 的方法[81] 所得到的结果是一致的.

例 3.4　考虑直觉模糊值 $\tilde{a}_1 = \langle 0.3, 0.3\rangle$ 和 $\tilde{a}_2 = \langle 0.4, 0.4\rangle$.

利用字典序方法, 可以得到 $C(\tilde{a}_1) = C(\tilde{a}_2) = 0.5$, $\bar{S}(\tilde{a}_1) = 0.96$ 和 $\bar{S}(\tilde{a}_2) = 0.98$. 因为 $C(\tilde{a}_1) = C(\tilde{a}_2)$ 和 $\bar{S}(\tilde{a}_1) < \bar{S}(\tilde{a}_2)$, 所以 $\tilde{a}_1 < \tilde{a}_2$.

例 3.5　继续考虑例 3.2 中的两个直觉模糊值 $\tilde{a}_1 = (0.7, 0.1)$ 和 $\tilde{a}_2 = (0.6, 0.3)$.

首先, 根据式 (3.3), 我们可以得到 $Z(\tilde{a}_1) = 0.7200$ 和 $Z(\tilde{a}_2) = 0.6175$. 由于 $Z(\tilde{a}_1) > Z(\tilde{a}_2)$, 由文献 [81] 的方法, 可以得到 $\tilde{a}_1 > \tilde{a}_2$. 利用本章提出的字典序方法, 计算得到 $C(\tilde{a}_1) = 0.7500$ 和 $C(\tilde{a}_2) = 0.6364$. 因为 $C(\tilde{a}_1) > C(\tilde{a}_2)$, 通过字典序方法得到的排序为 $\tilde{a}_1 > \tilde{a}_2$, 这与文献 [81] 得到的排序方法一致, 但和文献 [80] 得到的排序结果正好相反.

例 3.6　考虑两个直觉模糊值 $\tilde{a}_1 = (0.4735, 0.3000)$ 和 $\tilde{a}_2 = (0.4990, 0.4073)$.

由于 $Z(\tilde{a}_1) = Z(\tilde{a}_2) = 0.5203$, 利用文献 [81] 得到排序为 $\tilde{a}_1 = \tilde{a}_2$, 也就是说文献 [81] 不能区别 $\tilde{a}_1$ 和 $\tilde{a}_2$ 两个直觉模糊值. 但显然这两个直觉模糊值是不相等的. 利用本章提出的字典序方法, 我们可以得到 $C(\tilde{a}_1) = 0.5707$ 和 $C(\tilde{a}_2) = 0.6276$. 因此, 这两个直觉模糊值的排序为 $\tilde{a}_1 < \tilde{a}_2$.

3.3 考虑风险态度的直觉模糊值的排序方法

3.2 节中提出的直觉模糊值的字典序排序方法尽管能弥补现有排序方法的一些不足, 但它没有考虑决策者的风险态度. 事实上, 决策者的风险态度是模糊集排序的一个重要因素. 因此本节将引入决策者的风险态度, 探讨考虑风险态度的直觉模糊值的排序方法.

3.3.1 考虑风险态度的直觉模糊值的排序方法

考虑到专家的风险态度, Yager[83] 提出了连续有序加权平均 (C-OWA) 算子. 通过 C-OWA 算子, 可将区间数集成为实数.

定义 3.1[83] 假设 $[a,b]$ 是一个区间数, C-OWA 算子可以表示为如下的形式:

$$F_Q([a,b]) = \text{C-OWA}_Q([a,b]) = \int_0^1 \frac{\mathrm{d}Q(s)}{\mathrm{d}s}(b - s(b-a))\mathrm{d}s, \tag{3.10}$$

其中, $Q(s)$ 是一个基本单位区间单调 (BUM) 函数, 它满足条件: $Q(0)=0, Q(1)=1$, 而且如果 $s_1 \geqslant s_2$, 则 $Q(s_1) \geqslant Q(s_2)$, $s_1, s_2 \in [0,1]$. BUM 函数 $Q(s)$ 的选择反映了专家的风险偏好.

令 $\lambda = \int_0^1 Q(s)\mathrm{d}s$ 是 BUM 函数 $Q(s)$ 的风险态度参数, 式 (3.10) 可以转化为下式:

$$F_Q([a,b]) = (1-\lambda)a + \lambda b. \tag{3.11}$$

显然, $F_Q([a,b])$ 利用风险态度参数 λ 对区间数 $[a,b]$ 进行加权平均, 它是区间数 $[a,b]$ 的态度期望值.

正如前面所说, 直觉模糊值的贴近度和可信度是直觉模糊值排序的重要指标. 而直觉模糊值 y 的贴近度和可信度正好构成了区间数 $I(y) = [C(y), \bar{S}(y)]$. 由于风险态度参数 λ 可以表示专家的风险态度, 因此我们给出直觉模糊值的风险态度测度的定义.

定义 3.2 对直觉模糊值 y, 结合区间数 $I(y) = [C(y), \bar{S}(y)]$, 其风险态度排序测度定义如下:

$$P_Q(I(y),\lambda) = F_Q(I(y)) = F_Q([C(y), \bar{S}(y)]) = (1-\lambda)\frac{1-\nu(y)}{1+\pi(y)} + \lambda\left[1 - \frac{1}{2}\pi^2(y)\right], \tag{3.12}$$

其中, λ 表示专家的风险态度. 如果 $0.5 < \lambda < 1$, 专家是乐观的, 这也就意味着专家喜好风险; 如果 $0 < \lambda < 0.5$, 则专家是悲观的, 这也就意味着专家厌恶风险; 如果 $\lambda = 0.5$, 专家是中立的, 这也就意味着专家对风险无所谓.

显然, 直觉模糊值的风险态度排序测度 $P_Q(I(y),\lambda)$ 可以用于直觉模糊值的排序. $P_Q(I(y),\lambda)$ 的值越大, 直觉模糊值 y 越优.

类似地, 含有 n 个元素的直觉模糊集 $A=\{(x_i,\mu_A(x),\nu_A(x_i))|x_i\in X,i=1,2,\cdots,n\}$ 的风险态度排序测度可定义为

$$P_Q(A,\lambda)=\frac{1}{n}\sum_{i=1}^{n}\left[(1-\lambda)\frac{1-\nu_A(x_i)}{1+\pi_A(x_i)}+\lambda\left(1-\frac{1}{2}(\pi_A(x_i))^2\right)\right]. \tag{3.13}$$

命题 3.2 对于任意两个直觉模糊值 $\tilde{a}_i=(\mu_i,v_i)(i=1,2)$, 其中 $\pi_i=1-\mu_i-v_i$, 如果 $\mu_1\leqslant\mu_2,v_1\geqslant v_2$, 而且 $\pi_1\geqslant\pi_2$, 那么 $\tilde{a}_1\leqslant\tilde{a}_2$. 换句话说, 如果 $\tilde{a}_1\subseteq\tilde{a}_2$ 且 $\pi_1\leqslant\pi_2$, 那么 $\tilde{a}_1\leqslant\tilde{a}_2$.

证明: 利用式 (3.12), 我们可以得到

$$P_Q(I(\tilde{a}_i)),\lambda)=(1-\lambda)\frac{1-\nu_i}{1+\pi_i}+\lambda\left(1-\frac{1}{2}\pi_i^2\right)\quad(i=1,2).$$

因为 $1\geqslant\pi_1\geqslant\pi_2\geqslant 0$, 所以 $1-\frac{1}{2}\pi_1^2\leqslant 1-\frac{1}{2}\pi_2^2$. 注意到 $v_1\geqslant v_2$, 我们可以得到 $\frac{1-\nu_1}{1+\pi_1}\leqslant\frac{1-\nu_2}{1+\pi_2}$. 因此, $P_Q(I(\tilde{a}_1)),\lambda)\leqslant P_Q(I(\tilde{a}_2)),\lambda)$, 故 $\tilde{a}_1\leqslant\tilde{a}_2$.

命题 3.3 (单调性) 对直觉模糊值 y, 其风险态度排序测度 $P_Q(I(y),\lambda)$ 相对于风险态度参数 λ 是单调递增的, 也就是说, 如果 $\lambda_1\leqslant\lambda_2$, 那么 $P_Q(y,\lambda_1)\leqslant P_Q(y,\lambda_2)$.

证明: 由式 (3.12), $P_Q(I(y),\lambda)$ 可以改写为下式:

$$P_Q(I(y),\lambda)=\frac{1-\nu(y)}{1+\pi(y)}+\lambda\left[1-\frac{1}{2}\pi^2(y)-\frac{1-\nu(y)}{1+\pi(y)}\right].$$

我们在定理 3.2 中证明了 $\frac{1-\nu(y)}{1+\pi(y)}\leqslant 1-\frac{1}{2}\pi^2(y)$, 所以可以得到 $1-\frac{1}{2}\pi^2(y)-\frac{1-\nu(y)}{1+\pi(y)}\geqslant 0$. 因此, $P_Q(I(y),\lambda)$ 对于 λ 是单调递增的.

命题 3.4 (有界性) 对直觉模糊值 y, 其风险态度排序测度 $P_Q(I(y),\lambda)$ 满足 $\frac{1-\nu(y)}{1+\pi(y)}\leqslant P_Q(I(y),\lambda)\leqslant 1-\frac{1}{2}\pi^2(y)$.

证明: 从命题 3.3 中可以得到, $P_Q(I(y),\lambda)$ 的最小值和最大值分别在 λ=0 和 λ=1 时取得. 因此,

$$P_Q(I(y),0)\leqslant P_Q(I(y),\lambda)\leqslant P_Q(I(y),1),$$

也就是说,

$$\frac{1-\nu(y)}{1+\pi(y)}\leqslant P_Q(I(y),\lambda)\leqslant 1-\frac{1}{2}\pi^2(y).$$

命题 3.5 (可加性) 对于两个直觉模糊值 $\tilde{a}_i=(\mu_i,v_i)(i=1,2)$, 有如下式子成立:

$$P_Q(I(\tilde{a}_1)+I(\tilde{a}_2),\lambda)=P_Q(I(\tilde{a}_1),\lambda)+P_Q(I(\tilde{a}_2),\lambda).$$

证明: 易知

$$\begin{aligned}&I(\tilde{a}_1)+I(\tilde{a}_2)\\=&\left[\frac{1-v_1}{1+\pi_1},1-\frac{1}{2}\pi_1^2\right]+\left[\frac{1-v_2}{1+\pi_2},1-\frac{1}{2}\pi_2^2\right]\\=&\left[\frac{1-v_1}{1+\pi_1}+\frac{1-v_2}{1+\pi_2},1-\frac{1}{2}\pi_1^2+1-\frac{1}{2}\pi_2^2\right].\end{aligned}$$

通过式 (3.12), 我们有

$$\begin{aligned}&P_Q(I(\tilde{a}_1)+I(\tilde{a}_2),\lambda)\\=&F_Q(I(\tilde{a}_1)+I(\tilde{a}_2))\\=&(1-\lambda)\left(\frac{1-v_1}{1+\pi_1}+\frac{1-v_2}{1+\pi_2}\right)+\lambda\left(1-\frac{1}{2}\pi_1^2+1-\frac{1}{2}\pi_2^2\right)\\=&(1-\lambda)\frac{1-v_1}{1+\pi_1}+\lambda\left(1-\frac{1}{2}\pi_1^2\right)+(1-\lambda)\frac{1-v_2}{1+\pi_2}+\lambda\left(1-\frac{1}{2}\pi_2^2\right)\\=&P_Q(I(\tilde{a}_1),\lambda)+P_Q(I(\tilde{a}_2),\lambda).\end{aligned}$$

命题 3.6 (线性性) 令 $k_1,k_2\geqslant 0$, 风险态度排序测度 $P_Q(I(y),\lambda)$ 满足下式:

$$P_Q(k_1I(\tilde{a}_1)+k_2I(\tilde{a}_2),\lambda)=k_1P_Q(I(\tilde{a}_1),\lambda)+k_2P_Q(I(\tilde{a}_2),\lambda).$$

证明: 根据区间数的运算, 我们可以得到

$$\begin{aligned}&k_1I(\tilde{a}_1)+k_2I(\tilde{a}_2)\\=&k_1\left[\frac{1-v_1}{1+\pi_1},1-\frac{1}{2}\pi_1^2\right]+k_2\left[\frac{1-v_2}{1+\pi_2},1-\frac{1}{2}\pi_2^2\right]\\=&\left[k_1\frac{1-v_1}{1+\pi_1}+k_2\frac{1-v_2}{1+\pi_2},k_1\left(1-\frac{1}{2}\pi_1^2\right)+k_2\left(1-\frac{1}{2}\pi_2^2\right)\right].\end{aligned}$$

因此, 利用式 (3.12) 可以得到

$$\begin{aligned}&P_Q(k_1I(\tilde{a}_1)+k_2I(\tilde{a}_2),\lambda)\\=&F_Q(k_1I(\tilde{a}_1)+k_2I(\tilde{a}_2))\\=&(1-\lambda)\left(k_1\frac{1-v_1}{1+\pi_1}+k_2\frac{1-v_2}{1+\pi_2}\right)+\lambda\left[k_1\left(1-\frac{1}{2}\pi_1^2\right)+k_2\left(1-\frac{1}{2}\pi_2^2\right)\right]\end{aligned}$$

$$
\begin{aligned}
&= k_1\left[(1-\lambda)\frac{1-v_1}{1+\pi_1}+\lambda\left(1-\frac{1}{2}\pi_1^2\right)\right]+k_2\left[(1-\lambda)\frac{1-v_2}{1+\pi_2}+\lambda\left(1-\frac{1}{2}\pi_2^2\right)\right]\\
&= k_1P_Q(I(\tilde{a}_1),\lambda)+k_2P_Q(I(\tilde{a}_2),\lambda).
\end{aligned}
$$

命题 3.3 和命题 3.4 表明风险态度排序测度 $P_Q(I(y),\lambda)$ 是一个均值算子. 命题 3.5 和命题 3.6 证明了 $P_Q(I(y),\lambda)$ 是可加的、线性的, 因此 $P_Q(I(y),\lambda)$ 是一个加权平均算子.

为了分析风险态度参数 λ 对直觉模糊值排序的影响, 我们对 $P_Q(I(y),\lambda)$ 关于风险态度参数 λ 进行灵敏度分析.

定理 3.3 令 $\Delta\lambda$ 是风险态度参数 λ 的一个增量, 且满足 $0\leqslant\lambda+\Delta\lambda\leqslant 1$. 对于两个直觉模糊值 $\tilde{a}_i=\langle\mu_i,v_i\rangle(i=1,2)$, 如果 $P_Q(I(\tilde{a}_1),\lambda)\leqslant P_Q(I(\tilde{a}_2),\lambda)$, 那么 $P_Q(I(\tilde{a}_1),\lambda+\Delta\lambda)\leqslant P_Q(I(\tilde{a}_2),\lambda+\Delta\lambda)$ 当且仅当

$$
\begin{cases}
\max\{[P_Q(I(\tilde{a}_1),\lambda)-P_Q(I(\tilde{a}_2),\lambda)]/(\eta_2-\eta_1),-\lambda\}\leqslant\Delta\lambda\leqslant 1-\lambda, & \eta_2>\eta_1,\\
-\lambda\leqslant\Delta\lambda\leqslant 1-\lambda, & \eta_2=\eta_1,\\
-\lambda\leqslant\Delta\lambda\leqslant\min\{[P_Q(I(\tilde{a}_1),\lambda)-P_Q(I(\tilde{a}_2))]/(\eta_2-\eta_1),1-\lambda\}, & \eta_2<\eta_1,
\end{cases}
$$

其中, $\eta_i=1-\dfrac{1}{2}\pi_i^2-\dfrac{1-\nu_i}{1+\pi_i}(i=1,2)$.

证明: 如果 $P_Q(I(\tilde{a}_1),\lambda+\Delta\lambda)\leqslant P_Q(I(\tilde{a}_2),\lambda+\Delta\lambda)$, 则通过式 (3.12) 可以得到

$$
(1-\lambda-\Delta\lambda)\frac{1-\nu_1}{1+\pi_1}+(\lambda+\Delta\lambda)\left(1-\frac{1}{2}\pi_1^2\right)\leqslant(1-\lambda-\Delta\lambda)\frac{1-\nu_2}{1+\pi_2}+(\lambda+\Delta\lambda)\left(1-\frac{1}{2}\pi_2^2\right),
$$

即

$$
P_Q(I(\tilde{a}_1),\lambda)-P_Q(I(\tilde{a}_2),\lambda)\leqslant(\eta_2-\eta_1)\Delta\lambda.
$$

因为 $0\leqslant\lambda\leqslant 1$ 和 $0\leqslant\lambda+\Delta\lambda\leqslant 1$, 所以 $-\lambda\leqslant\Delta\lambda\leqslant 1-\lambda$.

如果 $\eta_2>\eta_1$, 则有 $\Delta\lambda\geqslant[P_Q(I(\tilde{a}_1),\lambda)-P_Q(I(\tilde{a}_2))]/(\eta_2-\eta_1)$. 因此

$$
\max\{[P_Q(I(\tilde{a}_1),\lambda))-P_Q(I(\tilde{a}_2))]/(\eta_2-\eta_1),-\lambda\}\leqslant\Delta\lambda\leqslant 1-\lambda.
$$

如果 $\eta_2<\eta_1$, 则有 $\Delta\lambda\leqslant[P_Q(I(\tilde{a}_1),\lambda)-P_Q(I(\tilde{a}_2))]/(\eta_2-\eta_1)$. 因此

$$
-\lambda\leqslant\Delta\lambda\leqslant\min\{[P_Q(I(\tilde{a}_1),\lambda)-P_Q(I(\tilde{a}_2))]/(\eta_2-\eta_1),1-\lambda\}.
$$

如果 $\eta_2=\eta_1$, 则有 $-\lambda\leqslant\Delta\lambda\leqslant 1-\lambda$.

至此, 定理 3.3 证毕.

定理 3.3 给出了当风险态度参数从 λ 变为 $\lambda+\Delta\lambda$ 时, 序关系 $\tilde{a}_1\leqslant\tilde{a}_2$ 保证不变时增量 $\Delta\lambda$ 的变化范围.

3.3.2 不同基本单位区间单调函数下排序方法的对比分析

为了更进一步地分析直觉模糊值 y 的风险态度排序测度 $P_Q(I(y),\lambda)$, 我们接下来分别计算不同 BUM 函数下的风险态度排序测度的值.

(1) 若 BUM 函数 $Q(s)=s^t(t>0)$, 那么 $\lambda=\dfrac{1}{1+t}$. 此时, 式 (3.12) 就可以转化为下式:

$$P_Q(I(y),\lambda)=\frac{t}{1+t}\left(\frac{1-\nu(y)}{1+\pi(y)}\right)+\frac{1}{1+t}\left(1-\frac{1}{2}\pi^2(y)\right), \tag{3.14}$$

其中, 参数 t 表示专家的风险态度. 如果 $0<t<1(0.5<\lambda<1)$, 犹豫度 $\pi(y)$ 比贴近度 $C(y)$ 更重要, 表明专家是乐观的; 如果 $t>1(0<\lambda<0.5)$, 贴近度 $C(y)$ 比犹豫度 $\pi(y)$ 更重要, 表明专家是悲观的; 如果 $t=1(\lambda=0.5)$, 贴近度 $C(y)$ 与犹豫度 $\pi(y)$ 同等重要, 表明专家是风险中立的.

例 3.7 我们利用式 (3.14) 继续考虑例 3.6 中的两个直觉模糊值 $\tilde{a}_1=(0.2717, 0.3275)$ 和 $\tilde{a}_2=(0.3101, 0.4542)$.

首先, 当专家是风险中立, 即 $t=1$ 时, 我们可以得到 $P_Q(I(\tilde{a}_1),\lambda)=0.6999$ 和 $P_Q(I(\tilde{a}_2),\lambda)=0.7070$. 由于 $P_Q(I(\tilde{a}_1),\lambda)<P_Q(I(\tilde{a}_2),\lambda)$, 因此这两个直觉模糊值的排序为 $\tilde{a}_1<\tilde{a}_2$.

类似地, 当参数 t 取不同的值时, 我们可以得到相应的计算结果和排序, 如表 3.1 所示.

表 3.1 当 $Q(s)=s^t$ 时不同的 t 值对应的排序结果

t	$P_Q(I(\tilde{a}_1),\lambda)$	$P_Q(I(\tilde{a}_2),\lambda)$	排序结果
0	0.9197	0.9722	$\tilde{a}_1<\tilde{a}_2$
0.5	0.7731	0.7954	$\tilde{a}_1<\tilde{a}_2$
1	0.6999	0.7070	$\tilde{a}_1<\tilde{a}_2$
1.3685	0.6657	0.6657	$\tilde{a}_1=\tilde{a}_2$
2	0.6262	0.6185	$\tilde{a}_1>\tilde{a}_2$
$+\infty$	0.4801	0.4417	$\tilde{a}_1>\tilde{a}_2$

当 t 取不同值时, 通过式 (3.4) 可以计算 $Z_Q(\tilde{a}_i)$ 的值, 利用文献 [81] 中的方法得到的排序结果如表 3.2 所示.

表 3.2 文献 [81] 中不同的 t 值对应的排序结果

t	$Z_Q(\tilde{a}_1)$	$Z_Q(\tilde{a}_2)$	排序结果
0	0.6700	0.5500	$\tilde{a}_1>\tilde{a}_2$
0.5	0.4651	0.4324	$\tilde{a}_1>\tilde{a}_2$
0.952	0.3823	0.3823	$\tilde{a}_1=\tilde{a}_2$
1	0.3760	0.3784	$\tilde{a}_1<\tilde{a}_2$
2	0.2958	0.3276	$\tilde{a}_1<\tilde{a}_2$
$+\infty$	0.1620	0.2356	$\tilde{a}_1<\tilde{a}_2$

接下来, 我们用图 3.3 更直观地比较文献 [81] 和本章所提出的排序测度的值和得到的排序结果.

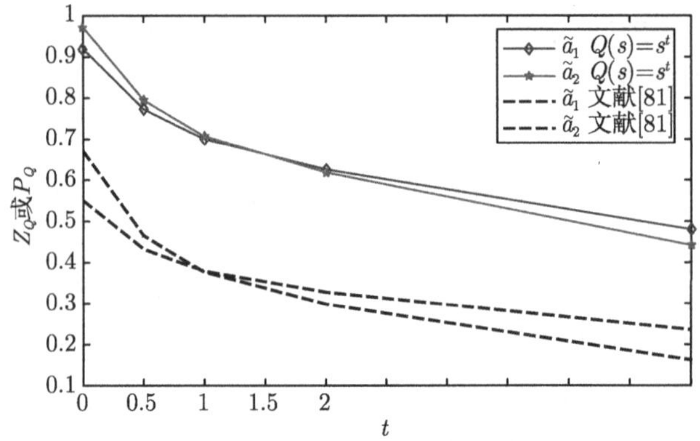

图 3.3　$Q(s)=s^t$ 时风险态度排序测度方法和文献 [81] 的排序方法在不同的 t 值对应的排序结果

从图 3.3 中发现, 当 t 取不同值时, 利用本章所提出的风险态度排序测度得到的排序是不同的. 当 $t\in[0,1.3685)$ 时, 有 $\tilde{a}_1<\tilde{a}_2$; 当 $t\in(1.3685,+\infty)$, 有 $\tilde{a}_1>\tilde{a}_2$. 然而, 这与文献 [81] 的排序方法得到的结果相反. 造成这样结果的主要原因是: 为了定义风险态度排序测度 $Z_Q(x)$(式 (3.4)), Guo[81] 直接将式 (3.3) 的两个分量 $\dfrac{1}{2}$ 分别变为 $\dfrac{t}{t+1}$ 和 $\dfrac{1}{t+1}$, 这缺少理论依据, 而且不符合 C-OWA 算子. 不同于 Guo[81], 我们首先将向量 $\boldsymbol{V}(y)=\big(C(y),\ \bar{S}(y)\big)$ 转化为区间数 $I(y)=[C(y),\bar{S}(y)]$, 之后利用 C-OWA 算子定义了风险态度排序测度 $P_Q(I(y),\lambda)$. 因此, 相对于 Guo[81] 而言本章方法更合理和可靠.

(2) 当 BUM 函数 $Q(s)=\left(\dfrac{1-e^{-s}}{1-e^{-1}}\right)^t$ $(t>0)$ 时, 式 (3.12) 可以进一步转化为下式:

$$
\begin{aligned}
&P_Q(I(y),\lambda)\\
=&\begin{cases}
\bar{S}(y), & t\to 0,\\
\left(3-\dfrac{\sqrt{e}}{\sqrt{e-1}}\ln\dfrac{\sqrt{e}+\sqrt{e-1}}{\sqrt{e}-\sqrt{e-1}}\right)C(y)+\left(\dfrac{\sqrt{e}}{\sqrt{e-1}}\ln\dfrac{\sqrt{e}+\sqrt{e-1}}{\sqrt{e}-\sqrt{e-1}}-2\right)\bar{S}(y), & t=\dfrac{1}{2},\\
\left(\dfrac{e-2}{e-1}\right)C(y)+\dfrac{1}{e-1}\bar{S}(y), & t=1,\\
\left(1+\dfrac{1-4e+e^2}{2(e-1)^2}\right)C(y)-\dfrac{1-4e+e^2}{2(e-1)^2}\bar{S}(y), & t=2,\\
C(y), & t\to\infty,
\end{cases}
\end{aligned}
\tag{3.15}
$$

其中 t 表示专家的风险态度. 如果 $0 < t < 1(0.5820 < \lambda < 1)$, 专家是乐观的; 如果 $t > 1(0 < \lambda < 0.5820)$, 专家是悲观的; 如果 $t = 1(\lambda = 0.5820)$, 专家是中立的.

例 3.8　我们使用式 (3.15) 继续考虑例 3.6 中的两个直觉模糊值 $\tilde{a}_1 = (0.2717, 0.3275)$ 和 $\tilde{a}_2 = (0.3101, 0.4542)$.

首先, 当专家是风险中立, 也就是 $t = 1$ 时, 利用式 (3.15), 我们可以得到 $P_Q(I(\tilde{a}_1), \lambda) = 0.7359$ 和 $P_Q(I(\tilde{a}_2), \lambda) = 0.7504$. 由于 $P_Q(I(\tilde{a}_1), \lambda) < P_Q(I(\tilde{a}_2), \lambda)$, 因此这两个直觉模糊值的排序为 $\tilde{a}_1 < \tilde{a}_2$.

类似地, 当参数 t 取不同的值时, 我们可以得到相应的计算结果和排序, 如表 3.3 和图 3.4 所示.

表 3.3　当 $Q(s) = \left(\frac{1-e^{-s}}{1-e^{-1}}\right)^t$ 时不同的 t 值对应的排序结果

t	$P_Q(I(\tilde{a}_1), \lambda)$	$P_Q(I(\tilde{a}_2), \lambda)$	排序结果
0	0.9197	0.9722	$\tilde{a}_1 < \tilde{a}_2$
0.5	0.8007	0.8287	$\tilde{a}_1 < \tilde{a}_2$
1	0.7359	0.7504	$\tilde{a}_1 < \tilde{a}_2$
2	0.6650	0.6649	$\tilde{a}_1 > \tilde{a}_2$
$+\infty$	0.4801	0.4417	$\tilde{a}_1 > \tilde{a}_2$

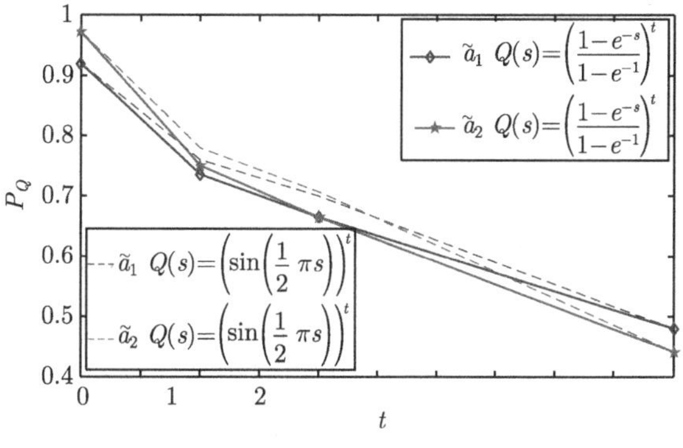

图 3.4　不同的 BUM 函数下不同 t 值对应的排序结果 (例 3.8 和例 3.9)

(3) 当 BUM 函数 $Q(s) = \left(\sin\left(\frac{1}{2}\pi s\right)\right)^t$ $(t > 0)$ 时, 式 (3.12) 可以进一步转化为下式:

$$P_Q(I(y), \lambda) = \begin{cases} \bar{S}(y), & t \to 0, \\ \dfrac{\pi - 2}{\pi}\bar{S}(y) + \dfrac{2}{\pi}C(y), & t = 1, \\ \dfrac{1}{2}\bar{S}(y) + \dfrac{1}{2}C(y), & t = 2, \\ C(y), & t \to \infty, \end{cases} \tag{3.16}$$

其中 t 表示专家的风险态度. 如果 $0 < t < 1$, 专家是乐观的; 如果 $t > 1$, 专家是悲观的; 如果 $t = 1$, 专家是中立的.

例 3.9 我们使用式 (3.16) 继续考虑例 3.6 中的两个直觉模糊值 $\tilde{a}_1 = (0.2717, 0.3275)$ 和 $\tilde{a}_2 = (0.3101, 0.4542)$.

首先, 当专家是风险中立, 也就是 $t = 1$ 时, 利用式 (3.16), 我们可以得到 $P_Q(I(\tilde{a}_1), \lambda) = 0.7599$ 和 $P_Q(I(\tilde{a}_2), \lambda) = 0.7794$. 由于 $P_Q(I(\tilde{a}_2), \lambda) > P_Q(I(\tilde{a}_1), \lambda)$, 因此这两个直觉模糊值的排序为 $\tilde{a}_2 > \tilde{a}_1$.

类似地, 当参数 t 取不同的值时, 我们可以得到相应的计算结果和排序, 如表 3.4 和图 3.4 所示.

表 3.4 当 $Q(s) = \left(\sin\left(\frac{1}{2}\pi s\right)\right)^t$ 时不同的 t 值对应的排序结果

t	$P_Q(I(\tilde{a}_1), \lambda)$	$P_Q(I(\tilde{a}_2), \lambda)$	排序结果
0	0.9197	0.9722	$\tilde{a}_1 < \tilde{a}_2$
1	0.7599	0.7794	$\tilde{a}_1 < \tilde{a}_2$
2	0.6999	0.7070	$\tilde{a}_1 < \tilde{a}_2$
$+\infty$	0.4801	0.4417	$\tilde{a}_1 > \tilde{a}_2$

通过图 3.3 和图 3.4, 我们发现对于不同的 BUM 函数, 直觉模糊值的排序结果是不同的. 同时, 排序结果还会受到风险态度参数 t 的影响. 因此, 在直觉模糊值排序中, 引入 BUM 函数从而考虑了专家的风险态度是非常必要的.

3.4 不完全权重信息的直觉模糊多属性决策问题

本节中, 我们将基于风险态度的直觉模糊值的排序方法应用于具有不完全权重信息的直觉模糊多属性决策问题, 同时提出相应的多属性决策方法.

3.4.1 不完全权重信息的直觉模糊多属性决策问题描述

对于有 m 个方案和 n 个属性的多属性决策问题, 假设 $A = \{a_1, a_2, \cdots, a_m\}$ 是方案集, $X = \{x_1, x_2, \cdots, x_n\}$ 是属性集. 专家能够针对每个方案的不同属性给出相应的评价. 假设专家给出方案 a_i 在属性 x_j 上的评价信息表示为直觉模糊值 $\tilde{r}_{ij} = (\mu_{ij}, \nu_{ij})(i = 1, 2, \cdots, m;\ j = 1, 2, \cdots, n)$, 从而得到直觉模糊决策矩阵 $\tilde{\boldsymbol{R}} = (\tilde{r}_{ij})_{m \times n}$, 它通常用来简洁地表示多属性决策问题. 在实际的决策情景中, 由于知识和经验的有限, 专家很难完全确定每个属性的重要程度. 假设 w_j 是属性 x_j 的权重, 满足 $w_j \geqslant 0(j = 1, 2, \cdots, n)$ 和 $\sum_{j=1}^{n} w_j = 1$, 属性权重向量记为

$\boldsymbol{w}=(w_1,w_1,\cdots,w_n)^{\mathrm{T}}$. 令 Λ_0 是所有权重向量的集合, 即

$$\Lambda_0=\left\{\boldsymbol{w}\left|\sum_{j=1}^{n}w_j=1,w_j\geqslant\varepsilon,\ j=1,2,\cdots,n\right.\right\},$$

其中 $\varepsilon>0$ 是一个足够小的正数. 约束 $w_i\geqslant\varepsilon(i=1,2,\cdots,m)$ 能够保证每个权重不会小于给定的足够小的正数 ε.

在实际的决策问题中, 专家根据他们的知识、经验和专长来确定属性的权重信息. 这样的属性权重信息是不完全的[12,91,92]. 通常, 不完全的属性权重信息可以通过专家给出的权重的部分偏好信息获得, 一般具有几种不同的结构形式. Li[91] 数学化地表示了这些权重信息结构, 主要有五种基本关系, 分别是: 弱排序、强排序、倍数形式排序、区间形式排序和差值形式排序, 分别表示为 Λ_0 的子集 $\Lambda_s(s=1,2,3,4,5)$, 如下:

(1) 弱序子集: $\Lambda_1=\{\boldsymbol{\omega}\in\Lambda_0|\omega_t\geqslant\omega_j$; 对所有 $t\in T_1$ 与 $j\in J_1\}$, 其中, T_1 和 J_1 为属性下标集 $M=\{1,2,\cdots,m\}$ 的两个不交子集. 因此, Λ_1 是 Λ_0 的子集, 具有特性: T_1 中的属性权重大于或等于 J_1 中的属性权重.

(2) 严格序子集: $\Lambda_2=\{\boldsymbol{\omega}\in\Lambda_0|\beta_{tj}\geqslant\omega_t-\omega_j\geqslant\alpha_{tj}$, 对所有 $t\in T_2$ 且 $j\in J_2\}$, 其中, $\alpha_{tj}>0$ 和 $\beta_{tj}>0$ 是常数, 满足 $\beta_{tj}>\alpha_{tj}$; T_2 与 J_2 是 M 的两个不交子集. 因此, Λ_2 是 Λ_0 的子集, 具有特性: T_2 中的属性权重大于或等于 J_2 中的属性权重, 但是它们的差不超过给定的范围, 即闭区间 $[\alpha_{tj},\beta_{tj}]$.

(3) 乘序子集: $\Lambda_3=\{\boldsymbol{\omega}\in\Lambda_0|\omega_t\geqslant\xi_{tj}\omega_j$, 对所有 $t\in T_3$ 且 $j\in J_3\}$, 其中, $\xi_{tj}>0$ 是常数; T_3 与 J_3 是 M 的两个不交子集. 因此, Λ_3 是 Λ_0 的子集, 具有特性: T_3 中的属性权重大于或等于 J_3 中属性权重的 ξ_{tj} 倍.

(4) 区间形式子集: $\Lambda_4=\{\boldsymbol{\omega}\in\Lambda_0|\gamma_j\geqslant\omega_j\geqslant\eta_j$, 对所有 $j\in J_4\}$, 其中, $\gamma_j>0$ 和 $\eta_j>0$ 是常数, 满足 $\gamma_j>\eta_j$; J_4 是 M 的子集. 因此, Λ_4 是 Λ_0 的子集, 具有特性: J_4 中的属性权重介于给定区间范围 $[\eta_j,\gamma_j]$.

(5) 差序子集: $\Lambda_5=\{\boldsymbol{\omega}\in\Lambda_0|\omega_t-\omega_j\geqslant\omega_k-\omega_s,\ \forall t\in T_5,j\in J_5,k\in K_5$ 且 $l\in L_5\}$, 其中, T_5, J_5, K_5 与 L_5 是 M 的 4 个不交子集. 因此, Λ_5 是 Λ_0 的子集, 具有特性: T_5 与 J_5 中的属性权重之差大于或等于 K_5 与 L_5 中的属性权重之差.

子集 (1)—(4) 是众所周知的不精确信息类型, 子集 (5) 是相邻参数的差序, 它可以由参数的弱序获得, 因此可基于子集 (1) 构造.

在现实中, 属性重要性的偏好信息结构 Λ 可由上述几个基本子集 $\Lambda_s(s=1,2,3,4,5)$ 组成, 或者包含全部 5 个子集, 这取决于实际决策问题的特征和需要.

例如, 设某供应商选择问题采用属性 f_1, f_2 和 f_3 来评估供应商. 所有属性的

下标集为 $M=\{1,2,3\}$. 决策者可能提供偏好信息结构如下[91]：

$$\begin{aligned}\widehat{\Lambda}=&\{\boldsymbol{\omega}\in\Lambda_0|0.15\leqslant\omega_1\leqslant 0.55, 0.2\leqslant\omega_2\leqslant 0.65, 0.1\leqslant\omega_3\leqslant 0.35,\\&\omega_2\geqslant 1.2\omega_1, 0.02\leqslant\omega_2-\omega_3\leqslant 0.45\},\end{aligned}$$

其中, $\Lambda_0=\{\boldsymbol{\omega}=(\omega_1,\omega_2,\omega_3)^{\mathrm{T}}|\omega_1+\omega_2+\omega_3=1,\omega_i\geqslant\varepsilon(j=1,2,3)\}$. 事实上, $\widehat{\Lambda}$ 可视为由下面的 3 个基本子集构成:

严格序子集: $\widehat{\Lambda}_2=\{\boldsymbol{\omega}\in\Lambda_0|0.02\leqslant\omega_2-\omega_3\leqslant 0.45\}$, 其中, $\beta_{23}=0.45>\alpha_{23}=0.02>0$, $T_2=\{2\}\subseteq M$, $J_2=\{3\}\subseteq M$, $T_2\cap J_2=\varnothing$;

乘序子集: $\widehat{\Lambda}_3=\{\boldsymbol{\omega}\in\Lambda_0|\omega_2\geqslant 1.2\omega_1\}$, 其中, $\xi_{21}=1.2>0$, $T_3=\{2\}\subseteq M$, $J_3=\{1\}\subseteq M$, $T_3\cap J_3=\varnothing$;

区间形式子集: $\widehat{\Lambda}_4=\{\boldsymbol{\omega}\in\widehat{\Lambda}_0|0.15\leqslant\omega_1\leqslant 0.55, 0.2\leqslant\omega_2\leqslant 0.65, 0.1\leqslant\omega_3\leqslant 0.35\}$, 其中, $\gamma_1=0.55>\eta_1=0.15$, $\gamma_2=0.65>\eta_2=0.2$, $\gamma_3=0.35>\eta_3=0.1$, $J_4=\{1,2,3\}\subseteq M$.

总之, 信息结构 $\widehat{\Lambda}$ 由 $\widehat{\Lambda}_2$, $\widehat{\Lambda}_3$ 和 $\widehat{\Lambda}_4$ 三个子集组成. 参数 α_{23}, β_{23}, ξ_{21}, γ_1, η_1, γ_2, η_2, γ_3 和 η_3 可根据决策者的知识、经验、偏好和判断来选择, 因而, 相应的子集 T_2, J_2, T_3, J_3 和 J_4 也能确定.

3.4.2　基于分式规划方法确定属性权重

定义直觉模糊正理想解 $a^+=(\tilde{r}_1^+,\tilde{r}_2^+,\cdots,\tilde{r}_n^+)$ 和直觉模糊负理想解 $a^-=(\tilde{r}_1^-,\tilde{r}_2^-,\cdots,\tilde{r}_n^-)$, 其中 $\tilde{r}_j^+=(1,0)$ 和 $\tilde{r}_j^-=(0,1)(j=1,2,\cdots,n)$.

利用式 (2.2) 分别计算方案 a_i 和 a^+, a^- 的汉明距离, 具体如下:

$$d(a_i,a^+)=\frac{1}{2}\sum_{j=1}^{n}w_j(1-\mu_{ij}+v_{ij}+\pi_{ij}),$$

$$d(a_i,a^-)=\frac{1}{2}\sum_{j=1}^{n}w_j(\mu_{ij}+1-v_{ij}+\pi_{ij}).$$

方案 a_i 的相对贴近度通过下式计算:

$$c(a_i)=\frac{d(a_i,a^-)}{d(a_i,a^-)+d(a_i,a^+)}=\frac{\sum\limits_{j=1}^{n}w_j(\mu_{ij}+1-v_{ij}+\pi_{ij})}{2\sum\limits_{j=1}^{n}w_j(1+\pi_{ij})}.$$

相对贴近度 $c(a_i)$ 越大, 方案 a_i 越好. 因此, 构建如下的多目标分式规划模型以确定属性权重:

$$\begin{aligned}&\max\{Z_i=c(a_i)\}\quad(i=1,2,\cdots,m),\\&\text{s.t.}\ \ \boldsymbol{w}\in\Lambda.\end{aligned}\tag{3.17}$$

由于方案之间不存在任何偏好, 我们可以利用等权线性求和方法将式 (3.17) 转化为下面的单目标分式规划:

$$\max\ Z=\sum_{i=1}^{m}\frac{\sum_{j=1}^{n}w_j(\mu_{ij}+1-v_{ij}+\pi_{ij})}{2\sum_{j=1}^{n}w_j(1+\pi_{ij})},\tag{3.18}$$

$$\text{s.t.}\ \ \boldsymbol{w}\in\Lambda.$$

下面利用 Charnes-Cooper 变换求解式 (3.18).

首先令

$$\theta_i=\frac{1}{2\sum_{j=1}^{n}w_j(1+\pi_{ij})}\quad(i=1,2,\cdots,m),\tag{3.19}$$

$$\delta_{ij}=\theta_i w_j\quad(i=1,2,\cdots,m;j=1,2,\cdots,n).\tag{3.20}$$

因此, 有

$$2\sum_{j=1}^{n}\delta_{ij}(1+\pi_{ij})=1\quad(i=1,2,\cdots,m).$$

约束集 $\Lambda_0=\left\{\boldsymbol{w}\left|\sum_{j=1}^{n}w_j=1,w_j\geqslant\varepsilon,\ j=1,2,\cdots,n\right.\right\}$ 可以转化为 $\Lambda_0'=\left\{(\boldsymbol{\delta},\boldsymbol{\theta})\left|\sum_{j=1}^{n}\delta_{ij}=\theta_i\ (i=1,2,\cdots,m),\ \delta_{ij}\geqslant\theta_i\varepsilon,\ j=1,2,\cdots,n\right.\right\}$, 其中 $\boldsymbol{\delta}=(\delta_{ij})_{m\times n}$ 和 $\boldsymbol{\theta}=(\theta_1,\theta_2,\cdots,\theta_n)^{\mathrm{T}}$, 权重信息结构的子集 $\Lambda_s(s=1,2,3,4,5)$ 分别相应地转化为

(1) $\Lambda_1'=\{(\boldsymbol{\delta},\boldsymbol{\theta})\in\Lambda_0'|\delta_{ii}\geqslant\delta_{ij}$, 对所有 $i\in T_1$ 与 $j\in J_1\}$;

(2) $\Lambda_2'=\{(\boldsymbol{\delta},\boldsymbol{\theta})\in\Lambda_0'|\theta_i\beta_{ij}\geqslant\delta_{ii}-\delta_{ij}\geqslant\theta_i\alpha_{ij}$, 对所有 $i\in T_2$ 与 $j\in J_2\}$;

(3) $\Lambda_3'=\{(\boldsymbol{\delta},\boldsymbol{\theta})\in\Lambda_0'|\delta_{ii}\geqslant\xi_{ij}\delta_{ij}$, 对所有 $i\in T_3$ 与 $j\in J_3\}$;

(4) $\Lambda_4'=\{(\boldsymbol{\delta},\boldsymbol{\theta})\in\Lambda_0'|\theta_i\gamma_j\geqslant\delta_{ij}\geqslant\theta_i\eta_j,\ j\in J_4\}$;

(5) $\Lambda_5'=\{(\boldsymbol{\delta},\boldsymbol{\theta})\in\Lambda_0'|\delta_{ii}-\delta_{ij}\geqslant\delta_{ik}-\delta_{is}$, 对所有 $i\in T_5,j\in J_5,k\in K_5$ 以及 $s\in L_5\}$.

很明显地, 上述转化后的权重信息结构对于变量 δ_{ij} 和 θ_i 仍然是线性的. 记转化后的属性权重的偏好信息结构为 Λ'.

因此, 式 (3.18) 可以转化为下面的线性规划模型:

$$\begin{aligned}&\max\left\{Z'=\sum_{i=1}^{m}\sum_{j=1}^{n}\delta_{ij}(\mu_{ij}+1-v_{ij}+\pi_{ij})\right\}\\&\text{s.t.}\left\{\begin{array}{l}2\sum_{j=1}^{n}\delta_{ij}(1+\pi_{ij})=1\ (i=1,2,\cdots,m),\\(\boldsymbol{\delta},\boldsymbol{\theta})\in\Lambda'.\end{array}\right.\end{aligned}\tag{3.21}$$

定理 3.4　线性规划模型 (3.21) 与分式规划 (3.18) 在以下情形中是等价的:

(i) 如果 $\boldsymbol{w}$ 是式 (3.18) 的最优解, 那么 $(\boldsymbol{\delta},\boldsymbol{\theta})$ 是式 (3.21) 的最优解, 而且最优目标值 $Z=Z'$, 其中 $(\boldsymbol{\delta},\boldsymbol{\theta})$ 满足式 (3.19) 和式 (3.20);

(ii) 如果 $(\boldsymbol{\delta},\boldsymbol{\theta})$ 是式 (3.21) 的最优解, 那么 $\boldsymbol{w}$ 是式 (3.18) 的最优解, 而且最优目标值 $Z=Z'$.

因此, 使用单纯形法求解式 (3.21), 可以得到 $(\boldsymbol{\delta},\boldsymbol{\theta})$. 这样, 属性的权重向量 $\boldsymbol{w}=(w_1,w_1,\cdots,w_n)^{\mathrm{T}}$ 可以通过式 (3.20) 得到. 很容易证明这样求得的权重向量 $\boldsymbol{w}=(w_1,w_1,\cdots,w_n)^{\mathrm{T}}$ 是式 (3.17) 的帕累托最优解.

3.4.3　不完全权重信息的直觉模糊多属性决策方法

通过上述分析, 不完全权重信息的直觉模糊多属性决策方法可以归纳如下:

步骤 1　确定方案集 A, 识别属性集 X;

步骤 2　析出直觉模糊决策矩阵 $\tilde{\boldsymbol{R}}$;

步骤 3　获取属性重要度的偏好信息结构 Λ;

步骤 4　求解模型 (3.21) 得到 (δ_{ij},θ_i), 然后通过式 (3.20) 确定属性的权重向量 $\boldsymbol{w}=(w_1,w_1,\cdots,w_n)^{\mathrm{T}}$;

步骤 5　利用式 (2.5), 计算方案 a_i 的综合值 $\tilde{r}_i$:

$$\tilde{r}_i=\mathrm{IFWA}_w(\tilde{r}_{i1},\tilde{r}_{i2},\cdots,\tilde{r}_{in})=\left(1-\prod_{j=1}^{n}(1-\mu_{ij})^{w_j},\ \prod_{j=1}^{n}\nu_{ij}^{w_j}\right)\quad(i=1,2,\cdots,m);\tag{3.22}$$

步骤 6　计算基于风险态度的排序测度 $P_Q(I(\tilde{r}_i),\lambda)$, 对 $\tilde{r}_i\ (i=1,2,\cdots,m)$ 进行排序, 从而得到方案的排序.

3.5　某电商公司物流外包服务商选择案例分析

为说明所提出的多属性决策方法的实用性和有效性, 本节采用电商公司物流外包服务商选择案例进行分析. 另外, 通过与其他方法的比较分析说明了所提出方法的优越性.

3.5.1　某电商公司物流外包服务商选择问题

某电商公司要在四家物流公司 a_1,a_2,a_3 和 a_4 中选择合适的物流外包服务商, 从服务质量、成本、实力、信息化、风险五个方面对这四家物流公司进行评估, 具体详细指标及数据类型如表 3.5 所示.

表 3.5 直觉模糊多属性矩阵

	x_1	x_2	x_3	x_4	x_5
a_1	(0.7,0.2)	(0.6,0.4)	(0.5,0.4)	(0.3,0.4)	(0.4,0.5)
a_2	(0.6,0.1)	(0.8,0.1)	(0.6,0.2)	(0.7,0.1)	(0.5,0.4)
a_3	(0.7,0.1)	(0.7,0.2)	(0.8,0.1)	(0.6,0.3)	(0.8,0.1)
a_4	(0.6,0.2)	(0.6,0.3)	(0.7,0.1)	(0.8,0.1)	(0.7,0.2)

根据专家的综合判断, 属性重要度的偏好信息结构 Λ 为

$$\begin{aligned}\Lambda =&\{\boldsymbol{w} \in \Lambda_0 | w_1 > 0.15;\ w_2 > 0.2;\ \ w_1 < 0.5w_5, w_4 > 0.2w_2;\\ &0.1 < w_3 - w_4 < 0.3; w_3 - w_1 > w_5 - w_2\}.\end{aligned}$$

步骤 1 根据式 (3.21), 构造线性规划模型如下:

$$\begin{aligned}\max\ Z' = &1.8(\delta_{21}+\delta_{22}+\delta_{24}+\delta_{31}+\delta_{32}+\delta_{33}+\delta_{35}+\delta_{43}+\delta_{44})\\ &+1.6(\delta_{11}+\delta_{23}+\delta_{41}+\delta_{45})+1.4(\delta_{34}+\delta_{42})\\ &+1.2(\delta_{12}+\delta_{13}+\delta_{14}+\delta_{25})+\delta_{15}\end{aligned}$$

$$\text{s.t.}\begin{cases}2(1.1\delta_{11}+\delta_{12}+1.1\delta_{13}+1.3\delta_{14}+1.1\delta_{15})=1;\\ 2(1.3\delta_{21}+1.1\delta_{22}+1.2\delta_{23}+1.2\delta_{24}+1.1\delta_{25})=1;\\ 2(1.2\delta_{31}+1.1\delta_{32}+1.1\delta_{33}+1.1\delta_{34}+1.1\delta_{35})=1;\\ 2(1.2\delta_{41}+1.1\delta_{42}+1.2\delta_{43}+1.1\delta_{44}+1.1\delta_{45})=1;\\ \delta_{11}+\delta_{12}+\delta_{13}+\delta_{14}+\delta_{15}=\theta_1;\delta_{21}+\delta_{22}+\delta_{23}+\delta_{24}+\delta_{25}=\theta_2;\\ \delta_{31}+\delta_{32}+\delta_{33}+\delta_{34}+\delta_{35}=\theta_3;\delta_{41}+\delta_{42}+\delta_{43}+\delta_{44}+\delta_{45}=\theta_4;\\ \delta_{11}>0.15\theta_1;\delta_{21}>0.15\theta_2;\delta_{31}>0.15\theta_3;\delta_{41}>0.15\theta_4;\\ \delta_{12}>0.2\theta_1;\delta_{22}>0.2\theta_2;\delta_{32}>0.2\theta_3;\delta_{42}>0.2\theta_4;\\ \delta_{11}<0.5\delta_{15};\delta_{21}<0.5\delta_{25};\delta_{31}<0.5\delta_{35};\delta_{41}<0.5\delta_{45};\\ \delta_{14}>0.2\delta_{12};\delta_{24}>0.2\delta_{22};\delta_{34}>0.2\delta_{32};\delta_{44}>0.2\delta_{42};\\ 0.1\theta_1<\delta_{13}-\delta_{14}<0.3\theta_1;0.1\theta_2<\delta_{23}-\delta_{24}<0.3\theta_2;\\ 0.1\theta_3<\delta_{33}-\delta_{34}<0.3\theta_3;0.1\theta_4<\delta_{43}-\delta_{44}<0.3\theta_4;\\ \delta_{13}-\delta_{11}>\delta_{15}-\delta_{12};\delta_{23}-\delta_{21}>\delta_{25}-\delta_{22};\\ \delta_{33}-\delta_{31}>\delta_{35}-\delta_{32};\delta_{43}-\delta_{41}>\delta_{45}-\delta_{42}.\end{cases}\tag{3.23}$$

求解式 (3.23), 可以得到

$$\begin{aligned}&\theta_1=0.4627,\quad \theta_2=0.4337,\quad \theta_3=0.4484,\quad \theta_4=0.4386,\\ &\delta_{11}=0.0694,\quad \delta_{12}=0.1487,\quad \delta_{13}=0.0760,\quad \delta_{14}=0.0297,\quad \delta_{15}=0.1389,\\ &\delta_{21}=0.0651,\quad \delta_{22}=0.1394,\quad \delta_{23}=0.0713,\quad \delta_{24}=0.0279,\quad \delta_{25}=0.1301,\\ &\delta_{31}=0.0673,\quad \delta_{32}=0.0897,\quad \delta_{33}=0.1309,\quad \delta_{34}=0.0179,\quad \delta_{35}=0.1427,\\ &\delta_{41}=0.0658,\quad \delta_{42}=0.0877,\quad \delta_{43}=0.1096,\quad \delta_{44}=0.0439,\quad \delta_{45}=0.1315.\end{aligned}$$

因此, 利用式 (3.20) 得到属性的权重分为

$$w_1 = 0.1500, \quad w_2 = 0.3214, \quad w_3 = 0.1643, \quad w_4 = 0.0643, \quad w_5 = 0.300.$$

步骤 2　根据式 (3.22), 确定方案的综合值:

$$\tilde{r}_1 = (0.5347,\ 0.3855), \quad \tilde{r}_2 = (0.6640,\ 0.1699),$$
$$\tilde{r}_3 = (0.7468,\ 0.1341), \quad \tilde{r}_4 = (0.6653,\ 0.1945).$$

步骤 3　计算基于风险态度的排序测度以对方案进行排序.

以 $Q(s) = s^t$ 和 $t = 1$ 为例, 通过式 (3.14) 得到如下计算结果:

$$P_Q(I(\tilde{r}_1), \lambda) = 0.7830, \quad P_Q(I(\tilde{r}_2), \lambda) = 0.8490,$$
$$P_Q(I(\tilde{r}_3), \lambda) = 0.8833, \quad P_Q(I(\tilde{r}_4), \lambda) = 0.8483.$$

因此, 方案的排序为 $a_3 \succ a_2 \succ a_4 \succ a_1$. 最好的方案为 a_3.

另外, 当 t 取不同的值时, 我们可以得到相应的计算结果和排序, 如表 3.6 所示.

表 3.6　当 $Q(s) = s^t$ 时不同 t 值得到的计算结果和方案排序

t	$P_Q(I(\tilde{r}_1), \lambda)$	$P_Q(I(\tilde{r}_2), \lambda)$	$P_Q(I(\tilde{r}_3), \lambda)$	$P_Q(I(\tilde{r}_4), \lambda)$	方案排序	最优方案
0	0.9968	0.9862	0.9929	0.9902	$a_1 \succ a_3 \succ a_4 \succ a_2$	a_1
0.5	0.8543	0.8948	0.9199	0.8956	$a_3 \succ a_4 \succ a_2 \succ a_1$	a_3
1	0.7830	0.8490	0.8833	0.8483	$a_3 \succ a_2 \succ a_4 \succ a_1$	a_3
2	0.7117	0.8033	0.8468	0.8010	$a_3 \succ a_2 \succ a_4 \succ a_1$	a_3
$+\infty$	0.5691	0.7119	0.7738	0.7064	$a_3 \succ a_2 \succ a_4 \succ a_1$	a_3

通过表 3.6 可以发现, 当 $Q(s) = s^t$ 时, 不同的 t 值得到的最优方案不同. 当 $t = 0$ 时, 最优方案为 a_1; 当 $t \in [0.5, 2]$ 时, 最优方案为 a_3; 当 $t \to +\infty$ 时, 最优方案依旧为 a_3.

类似地, 对于不同的 BUM 函数, 我们得到相应的计算结果和方案排序, 分别如表 3.7 和表 3.8 所示.

表 3.7　当 $Q(s) = \left(\dfrac{1-e^{-s}}{1-e^{-1}}\right)^t$ 时不同 t 值得到的计算结果和方案排序

t	$P_Q(I(\tilde{r}_1), \lambda)$	$P_Q(I(\tilde{r}_2), \lambda)$	$P_Q(I(\tilde{r}_3), \lambda)$	$P_Q(I(\tilde{r}_4), \lambda)$	方案排序	最优方案
0	0.9968	0.9862	0.9929	0.9901	$a_1 \succ a_3 \succ a_4 \succ a_2$	a_1
0.5	0.8811	0.9120	0.9336	0.9134	$a_3 \succ a_4 \succ a_2 \succ a_1$	a_3
1	0.8180	0.8715	0.9013	0.8716	$a_3 \succ a_4 \succ a_2 \succ a_1$	a_3
2	0.7490	0.8273	0.8660	0.8258	$a_3 \succ a_2 \succ a_4 \succ a_1$	a_3
$+\infty$	0.5691	0.7119	0.7738	0.7064	$a_3 \succ a_2 \succ a_4 \succ a_1$	a_3

表 3.8 当 $Q(s)=\left(\sin\left(\frac{\pi}{2}s\right)\right)^t$ 时不同 t 值得到的计算结果和方案排序

t	$P_Q(I(\tilde{r}_1),\lambda)$	$P_Q(I(\tilde{r}_2),\lambda)$	$P_Q(I(\tilde{r}_3),\lambda)$	$P_Q(I(\tilde{r}_4),\lambda)$	方案排序	最优方案
0	0.9908	0.9802	0.9929	0.9902	$a_1 \succ a_3 \succ a_4 \succ a_2$	a_1
1	0.8414	0.8865	0.9133	0.8871	$a_3 \succ a_4 \succ a_2 \succ a_1$	a_3
2	0.7830	0.8490	0.8833	0.8483	$a_3 \succ a_2 \succ a_4 \succ a_1$	a_3
$+\infty$	0.5691	0.7119	0.7738	0.7064	$a_3 \succ a_2 \succ a_4 \succ a_1$	a_3

为了更清晰地分析参数 t 和 BUM 函数的敏感性, 我们将表 3.6～表 3.8 的数据绘制在图 3.5 中.

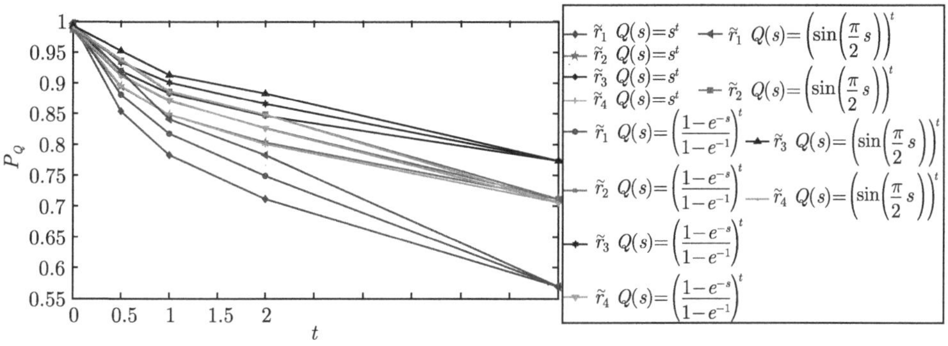

图 3.5 不同 BUM 函数和不同参数 t 值得到的结果比较

图 3.5 说明了对于不同的 BUM 函数, 方案的排序也是不同的. 同时, 针对同一个 BUM 函数, 参数 t 的不同值也会使得最终方案排序不同. 上述分析说明了专家参数 t 的选取对决策有极其重要的作用. 因此, 考虑专家的风险态度, 将不同的 BUM 函数和不同的参数 t 值引入多属性决策方法中是合理的和必须的.

3.5.2 与现有方法的比较

3.5.2.1 与现有直觉模糊多属性决策方法的比较

在本节中, 我们利用文献 [93] 的方法对上述电商公司物流外包服务商选择案例进行求解, 以说明本章所提出方法的优越性.

步骤 1 决策矩阵构造如表 3.5 所示.

步骤 2 令 $q=2$, 使用文献 [93] 的式 (16), 分别计算基于专家态度特征 α 的方案在属性下的得分值. 当 $\alpha=0.6$ 时, 表 3.9 给出了每个方案在各个属性下的得分值.

步骤 3 利用文献 [93] 的式 (8), 计算不同的 α 值下属性权重, 如表 3.10 所示.

表 3.9 当 α=0.6 时方案各属性下的得分

	x_1	x_2	x_3	x_4	x_5
a_1	0.7797	0.6000	0.5799	0.5397	0.4800
a_2	0.8356	0.8793	0.7589	0.8577	0.5799
a_3	0.8577	0.7797	0.8793	0.6798	0.8793
a_4	0.7589	0.6798	0.8577	0.8793	0.7797

表 3.10 不同的 α 值对应的属性权重

α	0	0.1	0.2	0.3	0.4	0.5	0.6	0.7	0.8	0.9	1
x_1	1	0.0050	0.0289	0.0706	0.1278	0.2000	0.2884	0.3962	0.5307	0.7105	1
x_2	0	0.0175	0.0599	0.1086	0.1565	0.2000	0.2353	0.2574	0.2565	0.2068	0
x_3	0	0.0602	0.1240	0.1672	0.1920	0.2000	0.1920	0.1672	0.1240	0.0602	0
x_4	0	0.2068	0.2565	0.2574	0.2353	0.2000	0.1566	0.1086	0.0598	0.0175	0
x_5	0	0.7105	0.5307	0.3962	0.2884	0.2000	0.1277	0.0706	0.0290	0.0050	0

步骤 4 和步骤 5 利用文献 [93] 中的 MEOWA 算子集结每个方案的得分, 从而确定方案的排序. 针对不同的 α 值所得到的方案得分和排序结果如表 3.11 所示.

表 3.11 不同的 α 值对应的方案得分值和排序结果

α	a_1	a_2	a_3	a_4	方案排序	最优方案
0	0.4651	0.5648	0.8631	0.7641	$a_3 \succ a_4 \succ a_2 \succ a_1$	a_3
0.1	0.4812	0.6346	0.8201	0.7863	$a_3 \succ a_4 \succ a_2 \succ a_1$	a_3
0.2	0.5019	0.6758	0.8051	0.7900	$a_3 \succ a_4 \succ a_2 \succ a_1$	a_3
0.3	0.5253	0.7068	0.7985	0.7863	$a_3 \succ a_4 \succ a_2 \succ a_1$	a_3
0.4	0.5572	0.7411	0.8020	0.7858	$a_3 \succ a_4 \succ a_2 \succ a_1$	a_3
0.5	0.5898	0.7726	0.8088	0.7836	$a_3 \succ a_4 \succ a_2 \succ a_1$	a_3
0.6	0.6232	0.8019	0.8184	0.7808	$a_3 \succ a_2 \succ a_4 \succ a_1$	a_3
0.7	0.6577	0.8296	0.8309	0.7778	$a_3 \succ a_2 \succ a_4 \succ a_1$	a_3
0.8	0.6946	0.8555	0.8466	0.7759	$a_2 \succ a_3 \succ a_4 \succ a_1$	a_2
0.9	0.7374	0.8797	0.8671	0.7782	$a_2 \succ a_3 \succ a_4 \succ a_1$	a_2
1	0.8000	0.9000	0.9000	0.8000	$a_2 = a_3 \succ a_4 = a_1$	a_2, a_3

通过表 3.11 可以发现, 当 $\alpha \in [0, 0.7]$ 时, a_3 是最优的方案; 当 $\alpha \in [0.8, 0.9]$ 时, a_2 是最优的方案; 当 $\alpha = 1$ 时, a_2 和 a_3 均是最优方案. 通过文献 [93] 的方法得到的方案排序结果与本章所得到的排序结果是不同的, 主要原因有以下两点:

(1) 虽然文献 [93] 和本章提出的方法均考虑了专家的风险态度, 但是它们在直觉模糊值的排序方法上还存在不同. Chen, Hung 和 Tu[93] 采用 RIM 量词的 orness 来反映专家的态度偏好, 而本章利用 C-OWA 算子对直觉模糊值的信息量和可信度构成的区间数进行去模糊化. 之后在 C-OWA 算子中, 风险态度参数可以通过不同的 BUM 函数来确定, 这为专家提供了多种选择机会, 极大地提高了决策的灵活性.

(2) 文献 [93] 构建最大熵的 OWA 模型确定属性权重. 这样获得的权重与专家给出的每个方案在各个属性下的评价信息完全无关. 换句话说, 如果两个决策问题有相同的属性个数和 orness 水平, 那么这两个问题中的属性将会有相同的权重, 这是不合理的. 在本章中, 考虑到专家的主观判断, 专家事先给出了不完全的属性权重信息, 随后通过构建分式规划确定属性权重, 这种方法更全面合理而且更吻合实际的决策问题.

3.5.2.2 与灰色关联分析方法的比较

在本节中, 我们将灰色关联分析方法[94] 与本章所提出的多属性决策方法进行比较. 首先, 我们将用文献 [94] 的方法求解上述电商物流外包服务商选择问题, 以说明本章中考虑专家风险态度的重要性.

步骤 1 确定正理想解和负理想解:

$$\tilde{r}^{+} = ((0.7, 0.1), (0.8, 0.1), (0.8, 0.1), (0.8, 0.1), (0.8, 0.1)),$$

$$\tilde{r}^{-} = ((0.6, 0.2), (0.6, 0.4), (0.5, 0.4), (0.3, 0.4), (0.4, 0.5)).$$

步骤 2 分别计算每个方案关于正、负理想解的灰色关联系数矩阵:

$$\boldsymbol{\xi}^{+} = (\xi_{ij}^{+})_{4\times 5} = \begin{bmatrix} 0.80 & 0.44 & 0.40 & 0.33 & 0.33 \\ 0.80 & 1.00 & 0.57 & 0.80 & 0.40 \\ 1.00 & 0.67 & 1.00 & 0.50 & 1.00 \\ 0.67 & 0.50 & 0.80 & 1.00 & 0.67 \end{bmatrix},$$

$$\boldsymbol{\xi}^{-} = (\xi_{ij}^{-})_{4\times 5} = \begin{bmatrix} 0.80 & 1.00 & 1.00 & 1.00 & 1.00 \\ 0.80 & 0.44 & 0.57 & 0.36 & 0.67 \\ 0.67 & 0.57 & 0.40 & 0.50 & 0.33 \\ 1.00 & 0.80 & 0.44 & 0.33 & 0.40 \end{bmatrix}.$$

步骤 3 根据文献 [94] 的模型 (M-2) 构建单目标规划模型, 求解该模型得到属性的权重向量 $\boldsymbol{w} = (0,\ 0.20,\ 0.45,\ 0.35,\ 0)^{\mathrm{T}}$.

计算每个方案关于正、负理想解的灰色关联度:

$$\xi_1^{+} = 0.3856, \quad \xi_2^{+} = 0.7371, \quad \xi_3^{+} = 0.7583, \quad \xi_4^{+} = 0.8100,$$

$$\xi_1^{-} = 1.0000, \quad \xi_2^{-} = 0.4733, \quad \xi_3^{-} = 0.4693, \quad \xi_4^{-} = 0.4767.$$

步骤 4 确定每个方案的相对关联度为

$$\xi_1 = 0.2783,\ \xi_2 = 0.6090,\ \xi_3 = 0.6177,\ \xi_4 = 0.6295.$$

步骤 5 根据相对关联度 $\xi_i(i=1,2,3,4)$, 方案的排序结果为 $a_4 \succ a_3 \succ a_2 \succ a_1$. 因此, 最优的方案为 a_4.

显然, 根据文献 [94] 得到的排序结果和本章得到的排序结果不同. 与文献 [94] 中的决策方法相比, 本章所提出的方法具有以下的优点:

(1) 利用本章所提出的多属性决策方法, 专家可根据其风险态度选择最优的物流外包服务商. 然而, 文献 [94] 没有考虑专家的风险态度, 而且仅提供了一个决策结果. 在实际生活中, 不同的专家通常会有不同的偏好. 乐观的人比悲观的人更愿意接受高风险. 因此, 本章提出的多属性决策方法可为专家提供更多的选择.

(2) 文献 [94] 中的模型 (M-2) 直接通过等权的线性加权方法确定所有方案的整体相对关联度, 忽略了不同方案之间的影响. 在这种情况下, 可能会导致一些属性权重的值很小, 甚至为零. 针对上述电商物流外包服务商选择, 利用文献 [94] 方法得到 x_1 和 x_5 的权重为 0. 实际上, 服务质量和风险对于物流外包服务商的选择十分重要, 它们的权重不应该为零. 因此, 本章所得到的决策结果更客观可信.

3.6 本 章 小 结

本章研究了直觉模糊值的排序方法及其在直觉模糊多属性决策中的应用, 主要工作概述如下:

(1) 提出了一种直觉模糊值新的字典序排序方法. 从几何意义角度分别定义了直觉模糊值的贴近度和贴近度, 并证明了直觉模糊值的贴近度和可信度恰好构成一个区间数, 据此, 提出了一种新的字典序方法, 对直觉模糊值进行排序.

(2) 提出了考虑风险态度的直觉模糊值排序方法. 基于直觉模糊值的贴近度和可信度构成的区间数, 利用 COWA 算子集成, 定义了考虑风险态度的直觉模糊值的排序测度, 并探讨其相关性质, 进而提出了考虑风险态度的直觉模糊值排序方法.

(3) 提出了一种新的直觉模糊多属性决策方法. 针对具有不完全属性权重信息的直觉模糊多属性决策问题, 通过构建分式规划模型确定属性权重, 利用直觉模糊加权平均算子集结得到方案的综合属性值, 计算各方案的考虑风险态度的直觉模糊值的排序测度, 给出方案的排序结果, 进而提出了一种新的直觉模糊多属性决策方法.

(4) 以电商公司物流外包服务商选择为例进行分析, 并与现有的同类方法进行比较, 说明所提出方法的有效性和优越性.

第 4 章　考虑群体一致性的直觉模糊偏好关系群决策方法

直觉模糊集能够表征决策者在决策过程中的不确定性和犹豫性, 可以克服模糊集单一隶属函数的不足, 因而在决策领域受到国内外众多学者的重视. 由于实际决策问题的复杂性和决策属性的难以度量性, 决策者更愿意以方案两两比较的偏好关系给出方案的评价信息. 考虑到直觉模糊集在刻画不确定性和犹豫性方面的表达能力和灵活性, 直觉模糊偏好关系引起了学者的广泛关注.

本章主要讨论考虑群体一致性的直觉模糊偏好关系群决策方法. 首先, 基于专家个体的直觉模糊偏好关系矩阵, 并通过对群体一致性的分析, 我们构建了直觉模糊数学规划模型, 用于确定专家的权重. 其次, 充分考虑专家的风险态度, 提出了三种求解直觉模糊规划的方法, 包括乐观、悲观和混合方法. 然后, 为得到方案的群体排序, 本章设计了基于非优势度和优势度的二阶段排序方法. 据此, 提出了考虑群体一致性的基于直觉模糊偏好关系的群决策方法. 最后, 一个实际的 RFID 解决方案选择实例验证了所提方法的有效性, 与同类方法的比较分析表明了方法的优越性.

4.1　直觉模糊偏好关系群决策问题描述

对于一个群决策问题, 令 $E=\{e_1,e_2,\cdots,e_q\}$ 是专家集, 其中 e_k 代表第 k 个专家; $X=\{x_1,x_2,\cdots,x_n\}$ 是方案集, 其中 x_i 代表第 i 个方案. 假设 $\boldsymbol{\lambda}=(\lambda_1,\lambda_2,\cdots,\lambda_q)^{\mathrm{T}}$ 是专家的权重向量, 其中 λ_k 代表专家 e_k 在群决策中的重要性. 专家 e_k 能够提供方案两两比较的偏好信息并建立相应的个体直觉模糊偏好关系 $\boldsymbol{R}^k=(\tilde{r}_{ij}^k)_{n\times n}(k=1,2,\cdots,q)$, 其中 $\tilde{r}_{ij}^k=(\mu_{ij}^k,\nu_{ij}^k)$ 是直觉模糊值, μ_{ij}^k 是专家 e_k 给出的方案 x_i 优于 x_j 的程度, ν_{ij}^k 是专家 e_k 给出的方案 x_i 不优于 x_j 的程度.

根据直觉模糊偏好关系的定义 (定义 2.18), 直觉模糊偏好关系 $\boldsymbol{R}^k=(\tilde{r}_{ij}^k)_{n\times n}$ 中元素 $\tilde{r}_{ij}^k(k=1,2,\cdots,q)$ 满足下面的条件:

$$0\leqslant\mu_{ij}^k+\nu_{ij}^k\leqslant 1,\quad \mu_{ij}^k=\nu_{ji}^k,\quad \nu_{ij}^k=\mu_{ji}^k,\quad \mu_{ii}^k=\nu_{ii}^k=0.5,\quad \forall i,j=1,2,\cdots,n.$$

本章所探讨的直觉模糊偏好关系群决策问题是根据决策者给出的 q 个个体直觉模糊偏好关系 $\boldsymbol{R}^k=(\tilde{r}_{ij}^k)_{n\times n}(k=1,2,\cdots,q)$, 得到方案的群体排序结果. 为此,接下来需要根据直觉模糊偏好关系 $\boldsymbol{R}^k=(\tilde{r}_{ij}^k)_{n\times n}(k=1,2,\cdots,q)$ 推导出方案的排序结果. 主要分为三步：直觉模糊数学规划方法确定专家权重, 直觉模糊数学规划的求解方法和二阶段排序法确定方案排序. 具体过程如下文所述.

4.2 直觉模糊数学规划方法确定专家权重

根据 2.5.2 小节中群体一致性分析可知, 如果每个专家的意见和群体的意见满足式 (2.15), 那么决策群体就达到了完全一致.

然而在实际问题中, 单个专家给出的直觉模糊偏好关系很难保证与群体直觉模糊偏好关系是完全一致的. 当决策群体达不到完全一致时, 就很难直接从式 (2.15) 中得到专家权重. 因此, 一个足够好的解决方案就是找到一个专家权重向量 $\boldsymbol{\lambda}$ 使其尽可能地满足式 (2.15), 也就是使得 $\sum\limits_{k=1}^{q}\lambda_k\mu_{ij}^k$ 的值应该介于 $\mu_{ij}^l-\theta_{\mu ij}^{l-}$ 和 $\mu_{ij}^l+\theta_{\mu ij}^{l+}$ 之间, $\sum\limits_{k=1}^{q}\lambda_k\nu_{ij}^k$ 的值应该介于 $\nu_{ij}^l-\theta_{\nu ij}^{l-}$ 与 $\nu_{ij}^l+\theta_{\nu ij}^{l+}$ 之间 $(\theta_{\mu ij}^{l+},\theta_{\mu ij}^{l-},\theta_{\nu ij}^{l+},\theta_{\nu ij}^{l-}\geqslant 0)$. 这也就意味着, 这个足够好的结果应该近似地满足所有的判断, 保证 $\mu_{ij}^l-\sum\limits_{k=1}^{q}\lambda_k\mu_{ij}^k$ 与 $\nu_{ij}^l-\sum\limits_{k=1}^{q}\lambda_k\nu_{ij}^k$ 尽可能地接近于 0, 即可以表示为下式:

$$\mu_{ij}^l-\sum_{k=1}^{q}\lambda_k\mu_{ij}^k\,\tilde{=}\,0,$$

$$\nu_{ij}^l-\sum_{k=1}^{q}\lambda_k\nu_{ij}^k\,\tilde{=}\,0\quad(i,j=1,2,\cdots,n;\ j>i;\ l=1,2,\cdots,q),\tag{4.1}$$

其中符号 "$\tilde{=}$" 表示 "模糊等于".

记 $H_{\mu ij}^l(\boldsymbol{\lambda})=\mu_{ij}^l-\sum\limits_{k=1}^{q}\lambda_k\mu_{ij}^k$ 和 $H_{\nu ij}^l(\boldsymbol{\lambda})=\nu_{ij}^l-\sum\limits_{k=1}^{q}\lambda_k\nu_{ij}^k(l=1,2,\cdots,q)$ 分别表示群体一致性隶属度和非隶属度的偏差. 为了方便, 在下文中, $H_{\mu ij}^l(\boldsymbol{\lambda})$ 和 $H_{\nu ij}^l(\boldsymbol{\lambda})$ 均统一记为 $H_{ij}^l(\boldsymbol{\lambda})$.

如果 $H_{ij}^l(\boldsymbol{\lambda})\,\tilde{=}\,0$, 专家的满意度就是 1, 不满意度就是 0; 否则, 满意度应该在 $\mu_{ij}^l-\theta_{\mu ij}^{l-}$ 和 $\mu_{ij}^l+\theta_{\mu ij}^{l+}$ 范围下降, 而不满意度在 $\nu_{ij}^l-\theta_{\nu ij}^{l-}$ 和 $\nu_{ij}^l+\theta_{\nu ij}^{l+}$ 范围上升. 因此, 我们使用直觉模糊集来表示模糊约束 $H_{ij}^l(\boldsymbol{\lambda})\tilde{=}0$, 并把式 (4.1) 转化为直觉模糊约束. 这种转化主要依据下面两个方面:

(1) 任何一个模糊等式均存在固有的不确定性. 专家会以一定的满意度 (接受度或隶属度) 和不满意度 (拒绝度或非隶属度) 接受一个模糊等式. 由于直觉模糊

集同时考虑了隶属度和非隶属度两个方面, 它能同时刻画模糊等式的接受度和拒绝度, 所以采用直觉模糊集表示模糊等式是比较合理的.

(2) 因为每个专家以直觉模糊偏好关系 $\boldsymbol{R}^k = (\tilde{r}_{ij}^k)_{n\times n}$ 的形式给出方案两两比较的偏好信息, 所以把模糊等式 (4.1) 看作直觉模糊约束也是更为合理更为自然的.

因此, 接下来我们给出直觉模糊等式的定义, 并用直觉模糊集表示式 (4.1).

定义 4.1 记 $q-1$ 维集合 $O = \left\{(\lambda_1, \lambda_2, \cdots, \lambda_q)^{\mathrm{T}} \middle| \sum_{k=1}^{q} \lambda_k = 1, \lambda_k \geqslant 0, k = 1, 2, \cdots, q\right\}$. 直觉模糊不等式 $H_{ij}^l(\boldsymbol{w}) \tilde{=} 0$ 可以表示成在 O 上的直觉模糊集 $C_{ij}^l = \{\langle\boldsymbol{\lambda}, \mu_{ij}^l(\boldsymbol{\lambda}), v_{ij}^l(\boldsymbol{\lambda})\rangle | \boldsymbol{\lambda} \in O\}$, 其中隶属度 $\mu_{ij}^l(\boldsymbol{\lambda}) \in [0,1]$ 和非隶属度 $\nu_{ij}^l(\boldsymbol{\lambda}) \in [0,1]$ 满足 $\mu_{ij}^l(\boldsymbol{\lambda}) + \nu_{ij}^l(\boldsymbol{\lambda}) \leqslant 1$. 隶属度和非隶属度的构建在下文中.

特别地, 如果 $\nu_{ij}^l(\boldsymbol{\lambda}) = 0$, 那么直觉模糊等式 $H_{ij}^l(\boldsymbol{\lambda}) \tilde{=} 0$ 就退化为模糊等式; 如果 $\mu_{ij}^l(\boldsymbol{\lambda}) = 1$ 且 $\nu_{ij}^l(\boldsymbol{\lambda}) = 0$, 那么直觉模糊等式 $H_{ij}^l(\boldsymbol{\lambda}) \tilde{=} 0$ 就退化为传统的实数等式.

因此, 模糊约束 (式 (4.1)) 就可以转化为如下的直觉模糊约束:

$$H_{ij}^l(\boldsymbol{\lambda}) \tilde{=}_{\mathrm{IF}} 0 \quad (i, j = 1, 2, \cdots, n;\ j > i;\ l = 1, 2, \cdots, q), \tag{4.2}$$

其中符号 "$\tilde{=}_{\mathrm{IF}}$" 表示实数中序关系 "=" 的直觉模糊版本, 表示 "基本上等于".

根据定义 4.1, 直觉模糊约束 $H_{ij}^l(\boldsymbol{\lambda}) \tilde{=}_{\mathrm{IF}} 0$ 可以表示成直觉模糊集 $C_{ij}^l = \{\langle\boldsymbol{\lambda}, \mu_{ij}^l(\boldsymbol{\lambda}), v_{ij}^l(\boldsymbol{\lambda})\rangle | \boldsymbol{\lambda} \in O\}$. 因此, 利用 Bellman 和 Zadeh 的扩展原理 [85], 一个直觉模糊决策 S 可以看成直觉模糊集 $S = \{\langle\boldsymbol{\lambda}, \mu_S(\boldsymbol{\lambda}), v_S(\boldsymbol{\lambda})\rangle | \boldsymbol{\lambda} \in O\}$, 其中 $\mu_S(\boldsymbol{\lambda})$ 与 $v_S(\boldsymbol{\lambda})$ 分别如下:

$$\mu_S(\boldsymbol{\lambda}) = \min\{\mu_{ij}^l(\boldsymbol{\lambda}) | i, j = 1, 2, \cdots, n;\ j > i;\ l = 1, 2, \cdots, q\},$$

$$v_S(\boldsymbol{\lambda}) = \max\{v_{ij}^l(\boldsymbol{\lambda}) | i, j = 1, 2, \cdots, n;\ j > i;\ l = 1, 2, \cdots, q\}.$$

基于上述直觉模糊决策 S(也称为直觉模糊数学规划模型), 下面提出相应的求解方法, 进而导出专家的权重向量 $\boldsymbol{\lambda}$.

4.3 直觉模糊数学规划的求解方法

受 Dubey, Chandra 和 Mehra[84] 的启发, 我们根据不同非隶属函数的建立提出了三种方法来求解所构建的直觉模糊规划模型.

4.3.1 乐观方法

在乐观方法中, 直觉模糊约束 $H_{ij}^l(\boldsymbol{\lambda})\tilde{=}_{\rm IF}0$ 的线性隶属函数和非隶属函数可分别表示如下:

$$\mu_{ij}^l(\boldsymbol{\lambda})=\begin{cases}1, & H_{ij}^l(\boldsymbol{\lambda})=0,\\ 1-\dfrac{H_{ij}^l(\boldsymbol{\lambda})}{\theta_{ij}^l}, & 0<H_{ij}^l(\boldsymbol{\lambda})\leqslant\theta_{ij}^l,\\ 1+\dfrac{H_{ij}^l(\boldsymbol{\lambda})}{\theta_{ij}^l}, & -\theta_{ij}^l\leqslant H_{ij}^l(\boldsymbol{\lambda})<0,\\ 0, & \text{其他},\end{cases} \tag{4.3}$$

$$\nu_{ij}^l(\boldsymbol{\lambda})=\begin{cases}0, & H_{ij}^l(\boldsymbol{\lambda})=0,\\ \dfrac{H_{ij}^l(\boldsymbol{\lambda})}{\theta_{ij}^l+\delta_{ij}^l}, & 0<H_{ij}^l(\boldsymbol{\lambda})\leqslant\theta_{ij}^l+\delta_{ij}^l,\\ -\dfrac{H_{ij}^l(\boldsymbol{\lambda})}{\theta_{ij}^l+\delta_{ij}^l}, & -(\theta_{ij}^l+\delta_{ij}^l)\leqslant H_{ij}^l(\boldsymbol{\lambda})<0,\\ 1, & \text{其他},\end{cases} \tag{4.4}$$

其中, $\theta_{ij}^l,\delta_{ij}^l>0(i,j=1,2,\cdots,n;\ j>i;\ l=1,2,\cdots,q)$.

隶属函数 $\mu_{ij}^l(\boldsymbol{\lambda})$ 表示直觉模糊约束 $H_{ij}^l(\boldsymbol{\lambda})\tilde{=}_{\rm IF}0$ 的接受度, 而非隶属函数 $\nu_{ij}^l(\boldsymbol{\lambda})$ 表示直觉模糊约束 $H_{ij}^l(\boldsymbol{\lambda})\tilde{=}_{\rm IF}0$ 的拒绝度. 直觉模糊约束 $H_{ij}^l(\boldsymbol{\lambda})\tilde{=}_{\rm IF}0$ 的隶属函数和非隶属函数可以用图 4.1 表示.

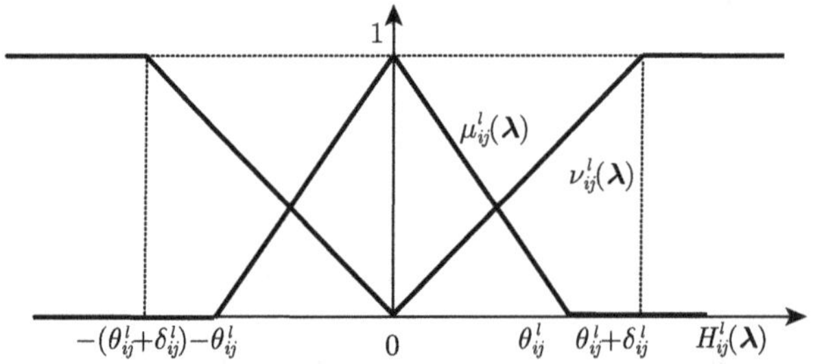

图 4.1 乐观方法中直觉模糊约束 $H_{ij}^l(\boldsymbol{\lambda})\tilde{=}_{\rm IF}0$ 的隶属函数和非隶属函数

从图 4.1 可以发现, 在区间 $[\theta_{ij}^l,\theta_{ij}^l+\delta_{ij}^l]$ 和 $[-(\theta_{ij}^l+\delta_{ij}^l),-\theta_{ij}^l]$ 中, $\mu_{ij}^l(\boldsymbol{w})$ 的值为零而 $\nu_{ij}^l(\boldsymbol{w})$ 的值并不等于 1. 在区间 $[\theta_{ij}^l,\theta_{ij}^l+\delta_{ij}^l]$ 中, $\mu_{ij}^l(\boldsymbol{w})=0$, $\nu_{ij}^l(\boldsymbol{w})<1$, 这说明了专家完全不接受直觉模糊约束 $H_{ij}^l(\boldsymbol{\lambda})\tilde{=}_{\rm IF}0$, 但是并没有完全拒绝它. 同样, 在区间 $[-(\theta_{ij}^l+\delta_{ij}^l),-\theta_{ij}^l]$ 中, $\mu_{ij}^l(\boldsymbol{w})=0$, $\nu_{ij}^l(\boldsymbol{w})<1$, 这说明了专家完全不接受直觉模糊约束 $H_{ij}^l(\boldsymbol{\lambda})\tilde{=}_{\rm IF}0$, 但是并没有完全拒绝它. 因此, 这种方法是乐观的.

显然, $\mu_{ij}^l(\boldsymbol{\lambda})$, $\nu_{ij}^l(\boldsymbol{\lambda}) \in [0,1]$ 而且 $\mu_{ij}^l(\boldsymbol{\lambda}) + \nu_{ij}^l(\boldsymbol{\lambda}) \leqslant 1$. 对于隶属函数, 当 $H_{ij}^l(\boldsymbol{\lambda}) = 0$ 时, $\mu_{ij}^l(\boldsymbol{\lambda}) = 1$ 意味着 "完全接受" $H_{ij}^l(\boldsymbol{\lambda}) \stackrel{\sim}{=}_{\mathrm{IF}} 0$; 当 $H_{ij}^l(\boldsymbol{\lambda}) > \theta_{ij}^l$ 或 $H_{ij}^l(\boldsymbol{\lambda}) < -\theta_{ij}^l$ 时, $\mu_{ij}^l(\boldsymbol{\lambda}) = 0$ 意味着 "完全不接受"; 当 $-\theta_{ij}^l < H_{ij}^l(\boldsymbol{\lambda}) < \theta_{ij}^l$ 时, $\mu_{ij}^l(\boldsymbol{\lambda}) \in (0,1)$ 意味着 "近似地接受". 对于非隶属函数, 当 $H_{ij}^l(\boldsymbol{\lambda}) = 0$ 时, $v_{ij}^l(\boldsymbol{\lambda}) = 0$ 意味着 "完全不拒绝" 直觉模糊约束 $H_{ij}^l(\boldsymbol{\lambda}) \stackrel{\sim}{=}_{\mathrm{IF}} 0$; 当 $H_{ij}^l(\boldsymbol{\lambda}) > \theta_{ij}^l + \delta_{ij}^l$ 或 $H_{ij}^l(\boldsymbol{\lambda}) < -(\theta_{ij}^l + \delta_{ij}^l)$ 时, $v_{ij}^l(\boldsymbol{\lambda}) = 1$ 意味着 "完全拒绝"; 当 $-(\theta_{ij}^l + \delta_{ij}^l) < H_{ij}^l(\boldsymbol{\lambda}) < \theta_{ij}^l + \delta_{ij}^l$ 时, $\nu_{ij}^l(\boldsymbol{\lambda}) \in (0,1)$ 意味着 "近似地拒绝".

因此, 式 (4.2) 可以转化为下面的实数不等式组:

$$
\begin{cases}
\mu_{ij}^l(\boldsymbol{\lambda}) \geqslant \eta \ (i,j = 1,2,\cdots,n;\ j > i;\ l = 1,2,\cdots,q), \\
v_{ij}^l(\boldsymbol{\lambda}) \leqslant \vartheta \ (i,j = 1,2,\cdots,n;\ j > i;\ l = 1,2,\cdots,q), \\
\eta \geqslant \vartheta,\ \vartheta \geqslant 0,\ \eta + \vartheta \leqslant 1,
\end{cases}
$$

其中 η 表示直觉模糊约束的最小可接受度, ϑ 表示直觉模糊约束最大拒绝度.

为确定专家权重向量 $\boldsymbol{\lambda}$, 建立最大化最小接受度 η 和最小化最大拒绝度 ϑ 的双目标数学规划模型如下:

$$
\begin{aligned}
&\max\ \eta \\
&\min\ \vartheta \\
&\text{s.t.} \begin{cases}
\mu_{ij}^l(\boldsymbol{\lambda}) \geqslant \eta \ (i,j = 1,2,\cdots,n;\ j > i;\ l = 1,2,\cdots,q), \\
v_{ij}^l(\boldsymbol{\lambda}) \leqslant \vartheta \ (i,j = 1,2,\cdots,n;\ j > i;\ l = 1,2,\cdots,q), \\
\eta \geqslant \vartheta,\ \vartheta \geqslant 0,\ \eta + \vartheta \leqslant 1,\ \boldsymbol{\lambda} \in O.
\end{cases}
\end{aligned}
\tag{4.5}
$$

双目标规划 (4.5) 可以转化为下面的单目标规划:

$$
\begin{aligned}
&\max\ \{\eta - \vartheta\} \\
&\text{s.t.} \begin{cases}
\mu_{ij}^l(\boldsymbol{\lambda}) \geqslant \eta \ (i,j = 1,2,\cdots,n;\ j > i;\ l = 1,2,\cdots,q), \\
v_{ij}^l(\boldsymbol{\lambda}) \leqslant \vartheta \ (i,j = 1,2,\cdots,n;\ j > i;\ l = 1,2,\cdots,q), \\
\eta \geqslant \vartheta,\ \vartheta \geqslant 0,\ \eta + \vartheta \leqslant 1,\ \boldsymbol{\lambda} \in O.
\end{cases}
\end{aligned}
\tag{4.6}
$$

将式 (4.3) 和式 (4.4) 代入式 (4.6), 可以得到下面的线性规划:

$$
\max\{\eta-\vartheta\}
$$

$$
\text{s.t.}\begin{cases}\theta^l_{\mu ij}(\eta-1)\leqslant \mu^l_{ij}-\sum\limits_{k=1}^{q}\lambda_k\mu^k_{ij}\\ \leqslant \theta^l_{\mu ij}(1-\eta)\ (i,j=1,2,\cdots,n;\ j>i;\ l=1,2,\cdots,q),\\ -(\theta^l_{\mu ij}+\delta^l_{\mu ij})\vartheta\leqslant \mu^l_{ij}-\sum\limits_{k=1}^{q}\lambda_k\mu^k_{ij}\\ \leqslant(\theta^l_{\mu ij}+\delta^l_{\mu ij})\vartheta\ (i,j=1,2,\cdots,n;\ j>i;\ l=1,2,\cdots,q),\\ \theta^l_{\nu ij}(\eta-1)\leqslant \nu^l_{ij}-\sum\limits_{k=1}^{q}\lambda_k\nu^k_{ij}\\ \leqslant \theta^l_{\nu ij}(1-\eta)\ (i,j=1,2,\cdots,n;\ j>i;\ l=1,2,\cdots,q),\\ -(\theta^l_{\nu ij}+\delta^l_{\nu ij})\vartheta\leqslant \nu^l_{ij}-\sum\limits_{k=1}^{q}\lambda_k\nu^k_{ij}\\ \leqslant(\theta^l_{\nu ij}+\delta^l_{\nu ij})\vartheta\ (i,j=1,2,\cdots,n;\ j>i;\ l=1,2,\cdots,q),\\ \eta\geqslant\vartheta,\ \vartheta\geqslant 0,\ \eta+\vartheta\leqslant 1,\sum\limits_{k=1}^{q}\lambda_k=1,\lambda_k\geqslant 0\ (k=1,2,\cdots,q).\end{cases} \tag{4.7}
$$

通过求解上述线性规划, 可以得到乐观情况下的最优解 $(\boldsymbol{\lambda}^*,\eta^*,\vartheta^*)$, 其中 $\boldsymbol{\lambda}^*$ 是专家的权重向量, η^* 和 ϑ^* 分别是约束的最大可接受度和最小拒绝度. 如果 $\eta^*=1$ 且 $\vartheta^*=0$, 那么直觉模糊偏好关系 $\boldsymbol{R}^l=(\tilde{r}^l_{ij})_{n\times n}(l=1,2,\cdots,q)$ 与群体的直觉模糊偏好关系 $\boldsymbol{R}=(\tilde{r}_{ij})_{n\times n}$ 完全一致, 群体就达到了完全一致. 否则直觉模糊偏好关系 $\boldsymbol{R}^l=(\tilde{r}^l_{ij})_{n\times n}(l=1,2,\cdots,q)$ 是不一致的, 群体也就无法达到完全一致. 通常参数 θ^l_{ij} 和 δ^l_{ij} 的选择应该足够大, 以使得模型 (4.7) 的可行域存在且有界.

4.3.2 悲观方法

在悲观方法中, 直觉模糊约束 $H^l_{ij}(\boldsymbol{\lambda})\tilde{=}_{\mathrm{IF}}0$ 的隶属函数仍是式 (4.3), 它的非隶属函数为下式:

$$
\nu^l_{ij}(\boldsymbol{\lambda})=\begin{cases}0, & -(\theta^l_{ij}-\varsigma^l_{ij})\leqslant H^l_{ij}(\boldsymbol{\lambda})\leqslant\theta^l_{ij}-\varsigma^l_{ij},\\ \dfrac{H^l_{ij}(\boldsymbol{\lambda})-(\theta^l_{ij}-\varsigma^l_{ij})}{\varsigma^l_{ij}}, & \theta^l_{ij}-\varsigma^l_{ij}<H^l_{ij}(\boldsymbol{\lambda})\leqslant\theta^l_{ij},\\ -\dfrac{H^l_{ij}(\boldsymbol{\lambda})+(\theta^l_{ij}-\varsigma^l_{ij})}{\varsigma^l_{ij}}, & -\theta^l_{ij}\leqslant H^l_{ij}(\boldsymbol{\lambda})<-(\theta^l_{ij}-\varsigma^l_{ij}),\\ 1, & \text{其他},\end{cases} \tag{4.8}
$$

其中, $\theta^l_{ij}>\varsigma^l_{ij}>0(i,j=1,2,\cdots,n;j>i;l=1,2,\cdots,q)$.

直觉模糊约束 $H_{ij}^l(\boldsymbol{\lambda})\widetilde{=}_{\mathrm{IF}}0$ 的隶属函数和非隶属函数可以用图 4.2 表示.

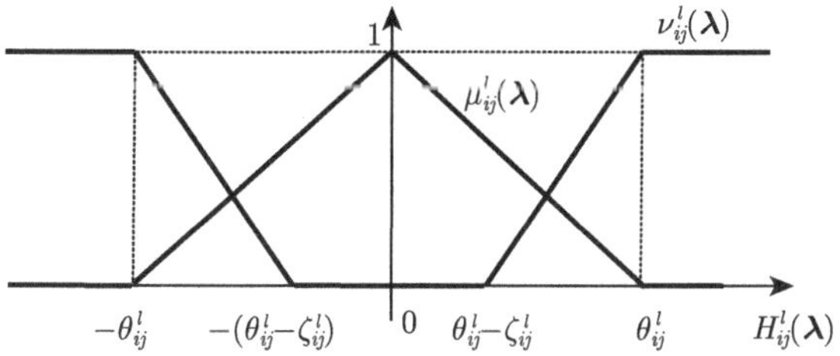

图 4.2 悲观方法中直觉模糊约束 $H_{ij}^l(\boldsymbol{\lambda})\widetilde{=}_{\mathrm{IF}}0$ 的隶属函数和非隶属函数

从图 4.2 可以发现, 在区间 $[-(\theta_{ij}^l-\varsigma_{ij}^l),\theta_{ij}^l-\varsigma_{ij}^l]$ 中, $\nu_{ij}^l(\boldsymbol{\lambda})$ 的值为零而 $\mu_{ij}^l(\boldsymbol{\lambda})$ 的值并不总等于 1. 这说明了当 $H_{ij}^l(\boldsymbol{\lambda})$ 在区间 $[-(\theta_{ij}^l-\varsigma_{ij}^l),\theta_{ij}^l-\varsigma_{ij}^l]$ 时专家完全拒绝直觉模糊约束 $H_{ij}^l(\boldsymbol{\lambda})\widetilde{=}_{\mathrm{IF}}0$, 但此时专家并没有完全接受它. 因此, 这种方法是悲观的.

类似于乐观方法, 可以得到下面的线性规划:

$$
\begin{aligned}
&\max\{\eta-\vartheta\}\\
&\text{s.t.}\left\{\begin{aligned}
&\theta_{\mu ij}^l(\eta-1)\leqslant\mu_{ij}^l-\sum_{k=1}^q\lambda_k\mu_{ij}^k\leqslant\theta_{\mu ij}^l(1-\eta)(i,j=1,2,\cdots,n;j>i;l=1,2,\cdots,q),\\
&-\varsigma_{\mu ij}^l(\vartheta-1)-\theta_{\mu ij}^l\leqslant\mu_{ij}^l-\sum_{k=1}^q\lambda_k\mu_{ij}^k\\
&\leqslant\theta_{\mu ij}^l+\varsigma_{\mu ij}^l(\vartheta-1)(i,j=1,2,\cdots,n;j>i;l=1,2,\cdots,q),\\
&\theta_{\nu ij}^l(\eta-1)\leqslant\nu_{ij}^l-\sum_{k=1}^q\lambda_k\nu_{ij}^k\leqslant\theta_{\nu ij}^l(1-\eta)(i,j=1,2,\cdots,n;j>i;l=1,2,\cdots,q),\\
&-\varsigma_{\nu ij}^l(\vartheta-1)-\theta_{\nu ij}^l\leqslant\nu_{ij}^l-\sum_{k=1}^q\lambda_k\nu_{ij}^k\\
&\leqslant\theta_{\nu ij}^l+\varsigma_{\nu ij}^l(\vartheta-1)(i,j=1,2,\cdots,n;j>i;l=1,2,\cdots,q),\\
&\eta\geqslant\vartheta,\ \vartheta\geqslant0,\ \eta+\vartheta\leqslant1,\sum_{k=1}^q\lambda_k=1,\lambda_k\geqslant0(k=1,2,\cdots,q).
\end{aligned}\right.
\end{aligned}
\tag{4.9}
$$

通过求解上述线性规划, 我们可以得到悲观情况下的最优解 $(\lambda^*,\eta^*,\vartheta^*)$.

4.3.3 混合方法

在混合方法中, 直觉模糊约束 $H_{ij}^l(\boldsymbol{\lambda})\widetilde{=}_{\mathrm{IF}}0$ 的隶属函数仍是式 (4.3), 它的非隶

属函数为下式:

$$\nu_{ij}^l(\boldsymbol{w})=\begin{cases}0, & -(\theta_{ij}^l+\alpha_{ij}^l-\beta_{ij}^l)\leqslant H_{ij}^l(\boldsymbol{w})\leqslant\theta_{ij}^l+\alpha_{ij}^l-\beta_{ij}^l,\\ \dfrac{H_{ij}^l(\boldsymbol{w})-(\theta_{ij}^l+\alpha_{ij}^l-\beta_{ij}^l)}{\beta_{ij}^l}, & \theta_{ij}^l+\alpha_{ij}^l-\beta_{ij}^l<H_{ij}^l(\boldsymbol{w})\leqslant\theta_{ij}^l+\alpha_{ij}^l,\\ -\dfrac{H_{ij}^l(\boldsymbol{w})+(\theta_{ij}^l+\alpha_{ij}^l-\beta_{ij}^l)}{\beta_{ij}^l}, & -(\theta_{ij}^l+\alpha_{ij}^l)\leqslant H_{ij}^l(\boldsymbol{w})<-(\theta_{ij}^l+\alpha_{ij}^l-\beta_{ij}^l),\\ 1, & \text{其他},\end{cases}\tag{4.10}$$

其中, $\theta_{ij}^l+\alpha_{ij}^l>\beta_{ij}^l>\alpha_{ij}^l>0(i,j=1,2,\cdots,n;j>i;l=1,2,\cdots,q)$.

直觉模糊约束 $H_{ij}^l(\boldsymbol{\lambda})\tilde{=}_{\mathrm{IF}}0$ 的隶属函数和非隶属函数可以用图 4.3 表示.

从图 4.3 可以发现, 在区间 $[-(\theta_{ij}^l+\alpha_{ij}^l-\beta_{ij}^l),\theta_{ij}^l+\alpha_{ij}^l-\beta_{ij}^l]$ 中, $\nu_{ij}^l(\boldsymbol{w})$ 的值为零而 $\mu_{ij}^l(\boldsymbol{w})$ 的值并不总等于 1. 同时在区间 $[\theta_{ij}^l,\theta_{ij}^l+\alpha_{ij}^l]$ 和 $[-(\theta_{ij}^l+\alpha_{ij}^l),-\theta_{ij}^l]$ 中, $\mu_{ij}^l(\boldsymbol{w})$ 的值为零而 $\nu_{ij}^l(\boldsymbol{w})$ 的值并不总等于 1. 因此, 这种方法是混合的.

类似地, 我们可以得到下面的线性规划:

$$\begin{aligned}&\max\{\eta-\vartheta\}\\ &\text{s.t.}\begin{cases}\theta_{\mu ij}^l(\eta-1)\leqslant\mu_{ij}^l-\sum\limits_{k=1}^q\lambda_k\mu_{ij}^k\leqslant\theta_{\mu ij}^l(1-\eta)(i,j=1,2,\cdots,n;j>i;l=1,2,\cdots,q),\\ -[\theta_{\mu ij}^l+\alpha_{\mu ij}^l+\beta_{\mu ij}^l(\vartheta-1)]\leqslant\mu_{ij}^l-\sum\limits_{k=1}^q\lambda_k\mu_{ij}^k\leqslant\theta_{\mu ij}^l+\alpha_{\mu ij}^l+\beta_{\mu ij}^l(\vartheta-1)\\ \qquad(i,j=1,2,\cdots,n;j>i;l=1,2,\cdots,q),\\ \theta_{\nu ij}^l(\eta-1)\leqslant\nu_{ij}^l-\sum\limits_{k=1}^q\lambda_k\nu_{ij}^k\leqslant\theta_{\nu ij}^l(1-\eta)(i,j=1,2,\cdots,n;j>i;l=1,2,\cdots,q),\\ -[\theta_{\nu ij}^l+\alpha_{\nu ij}^l+\beta_{\nu ij}^l(\vartheta-1)]\leqslant\nu_{ij}^l-\sum\limits_{k=1}^q\lambda_k\nu_{ij}^k\leqslant\theta_{\nu ij}^l+\alpha_{\nu ij}^l+\beta_{\nu ij}^l(\vartheta-1)\\ \qquad(i,j=1,2,\cdots,n;j>i;l=1,2,\cdots,q),\\ \eta\geqslant\vartheta,\ \vartheta\geqslant0,\ \eta+\vartheta\leqslant1,\sum\limits_{k=1}^q\lambda_k=1,\lambda_k\geqslant0(k=1,2,\cdots,q).\end{cases}\end{aligned}\tag{4.11}$$

通过求解上述线性规划, 我们可以得到混合情况下的最优解 $(\boldsymbol{\lambda}^*,\eta^*,\vartheta^*)$.

因此, 专家可以根据自己的风险偏好和实际决策问题的特征选择合适的求解方法, 进而得到最优专家权重向量 $\boldsymbol{\lambda}^*$.

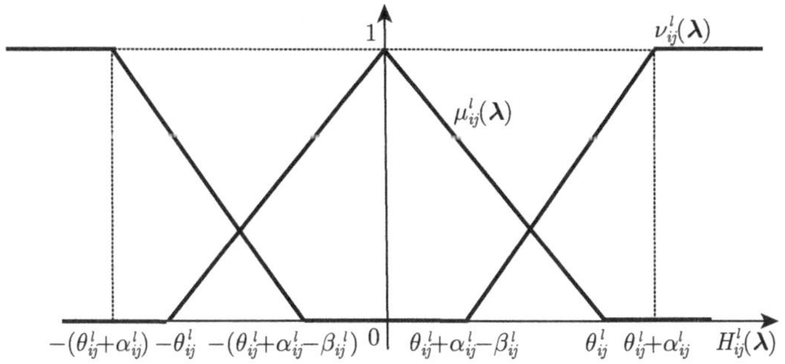

图 4.3 混合方法中直觉模糊约束 $H_{ij}^l(\boldsymbol{\lambda})\tilde{=}_{\rm IF}0$ 的隶属函数和非隶属函数

4.4 二阶段排序法确定方案排序

传统的基于非优势度和优势度的方法只能找到最优方案, 但并不能获得方案的排序结果. 同时, 很少有研究将非优势度和优势度拓展到直觉模糊环境中. 为了得到方案的排序, 我们基于非优势度和优势度设计了一个二阶段排序方法.

阶段 1 在群体直觉模糊偏好关系 $\boldsymbol{R}=(\tilde{r}_{ij})_{n\times n}$ 中, 元素 $\tilde{r}_{ij}$ 的值越大, 方案 x_i 优于 x_j 的程度也就越高. 因此, 方案 x_i 的非优势度 ND_i 表示方案 x_i 不占优于其他方案的程度, 定义为

$$ND_i=\min\{1-r_{ji}^s|j=1,2,\cdots,n,j\neq i\},\tag{4.12}$$

其中, $r_{ji}^s=\max\{(C(\tilde{r}_{ji})-C(\tilde{r}_{ij})),0\}$ 表示方案 x_j 优于方案 x_i 的程度, $C(\tilde{r}_{ji})$ 和 $C(\tilde{r}_{ij})$ 分别是直觉模糊值 $\tilde{r}_{ji}$ 和 $\tilde{r}_{ij}$ 的贴近度, 可以通过式 (3.8) 计算.

称集合 $X_{ND}=\left\{x_i\middle|ND_i=\max\limits_j\{ND_j\},x_i\in X\right\}$ 中的元素为最大的非优势度元素.

为了得到方案排序, 假设方案 x_i 均有初始排序值 $\chi_i=1(i=1,2,\cdots,n)$. 排序值 χ_i 越小, 方案 x_i 越优. 在阶段 1, 我们通过算法 I 来更新各方案的排序值 χ_i, 方案的排序就可以根据排序值 $\chi_i(i=1,2,\cdots,m)$ 的升序得到.

算法 I: 迭代方案

步骤 1 利用式 (4.12) 计算每个方案 x_i 的非优势度 $ND_i(i=1,2,\cdots,n)$.

步骤 2 令 $m=1$, $X^{(1)}=X$.

步骤 3 从方案集 $X^{(m)}$ 中选择非占优方案集 $X_{ND}^{(m)}=\{x_i|ND_i=\max\{ND_j|j=1,2,\cdots,n\},x_i\in X^{(m)}\}$, 并令 $X_{ND}^{(m)}$ 中的方案的排序值 $\chi_i=m$. 同时, 方案集 $X^{(m)}$ 中剩余方案的集合表示为 $X^{(m+1)}$, 也就是 $X^{(m+1)}=X^{(m)}\backslash X_{ND}^{(m)}$.

步骤 4 如果 $X^{(m+1)}\neq\varnothing$, 那么 $m=m+1$, 转到步骤 3; 否则转到步骤 5.

步骤 5 根据 $\chi_i(i=1,2,\cdots,m)$ 的升序对方案进行排序.

如果所有的 $\#(X_{ND}^{(\sigma)})=1(\sigma=1,2,\cdots,m)$, 那么所有方案都可以排序在不同的位置, $X_{ND}^{(1)}$ 中的方案即为最优方案. 否则, 就会出现两个或多个方案有相同的排序值, 也就是说我们无法区分这些方案.

对于有相同排序值的方案, 仅仅根据非优势度的信息无法得到进一步的排序. 为了得到这些方案的排序, 就需要考虑有关优势度的信息. 针对阶段 1 中得到的具有相同排序值的方案, 我们在阶段 2 中定义优势度进一步对这些方案进行排序.

阶段 2　对于 $x_i \in X_{ND}^{(\sigma)}$ 且 $\#(X_{ND}^{(\sigma)}) \neq 1$ 的方案 x_i, 其优势度定义为

$$DD_i = \frac{1}{n-1}\sum_{j=1,j\neq i}^{n} \tilde{r}_{ij}. \tag{4.13}$$

根据式 (2.8), 式 (4.13) 可以改写为

$$DD_i = \left(\frac{1}{n-1}\sum_{j=1,j\neq i}^{n} \mu_{ij}, \frac{1}{n-1}\sum_{j=1,j\neq i}^{n} \nu_{ij}\right). \tag{4.14}$$

注意优势度 DD_i 也是直觉模糊值. 根据式 (3.8), 可以计算得到优势度 DD_i 的贴近度 $C(DD_i)$. 如果 $C(DD_i) > C(DD_j)$, 那么 $DD_i > DD_j(x_i, x_j \in X_{ND}^{(\sigma)}, j \neq i)$, 则方案 x_i 优于方案 x_j. 这样在阶段 2 就可以对有相同排序值的方案进行排序.

根据上述分析, 阶段 2 的算法 II 可以总结如下.

算法 II: 对具有相同排序值的方案进行排序	
步骤 1	通过式 (4.14) 计算满足 $\#(X_{ND}^{(\sigma)}) \neq 1$ 和 $x_i \in X_{ND}^{(\sigma)}$ 的方案 x_i 的优势度 DD_i.
步骤 2	利用式 (3.8) 确定优势度 DD_i 的贴近度 $C(DD_i)$.
步骤 3	根据贴近度 $C(DD_i)$ 对具有相同排序值的方案进行排序.

综合阶段 1 和阶段 2 的排序信息, 就可以得到方案的群体排序结果.

4.5　考虑群体一致性的直觉模糊偏好关系群决策方法

综合上述分析, 考虑群体一致性的直觉模糊偏好关系群决策方法可以归纳为如下几步:

步骤 1　专家 e_k 根据方案两两比较的偏好信息构建相应的直觉模糊偏好关系 $\boldsymbol{R}^k=(\tilde{r}_{ij}^k)_{n\times n}(k=1,2,\cdots,q)$.

步骤 2　根据专家的风险偏好, 选择相应的线性规划模型 (式 (4.7), 或式 (4.9) 或式 (4.11)) 确定专家的权重向量 $\boldsymbol{\lambda}$.

步骤 3　通过式 (2.8) 得到群体直觉模糊偏好关系 $\boldsymbol{R}=(\tilde{r}_{ij})_{n\times n}$.

步骤 4　利用基于非优势度和优势度的二阶段排序法对方案进行排序, 并得到最优方案.

4.6 某连锁超市 RFID 解决方案选择实例分析

本节中, 我们将采用某连锁超市 RFID 解决方案选择实例来说明本章所提出方法的可行性和优越性.

4.6.1 实例背景描述

某连锁超市是中国最具规模的零售连锁企业品牌, 它在中国 288 个城市已经有超过 3835 家商店. 由于消费者数量和商品销售量的增加, 与市场需求相应的库存需求也发生了巨大的变化, 供应链的竞争也变得越来越激烈. RFID 技术作为一种先进的供应链优化技术, 能够从需求的预测、计划、库存的管理和分销等方面为生产和零售业务提供便捷. 此公司的高层管理者想要实施 RFID 技术以有效地管理供应链中的库存并提高竞争力. 该公司邀请了三名相关方面的专家 e_1, e_2 和 e_3, 组成了决策小组 (决策群体). 经过初试评估, 五个备选方案 (RFID 解决方案)$A_i(i=1,2,\cdots,5)$ 需要进一步地评估. 专家 e_k 通过对这五个方案进行两两比较, 得到个体直觉模糊偏好关系 $\boldsymbol{R}^k=(\tilde{r}_{ij}^k)_{5\times5}(k=1,2,3)$, 如下:

$$\boldsymbol{R}^1=\begin{bmatrix}(0.5000,0.5000)(0.6001,0.2999)(0.3000,0.6000)(0.6000,0.2000)(0.5000,0.4000)\\(0.2999,0.6001)(0.5000,0.5000)(0.4000,0.6000)(0.5000,0.3000)(0.6000,0.3000)\\(0.6000,0.3000)(0.6000,0.4000)(0.5000,0.5000)(0.4000,0.3000)(0.2000,0.5000)\\(0.2000,0.6000)(0.3000,0.5000)(0.3000,0.4000)(0.5000,0.5000)(0.3000,0.6000)\\(0.4000,0.5000)(0.3000,0.6000)(0.5000,0.2000)(0.6000,0.3000)(0.5000,0.5000)\end{bmatrix},$$

$$\boldsymbol{R}^2=\begin{bmatrix}(0.5000,0.5000)(0.4001,0.3999)(0.5000,0.2000)(0.4000,0.5000)(0.7000,0.3000)\\(0.3999,0.4001)(0.5000,0.5000)(0.3000,0.5000)(0.3000,0.5000)(0.4000,0.6000)\\(0.2000,0.5000)(0.5000,0.3000)(0.5000,0.5000)(0.6000,0.2000)(0.5000,0.4000)\\(0.5000,0.4000)(0.6000,0.3000)(0.2000,0.6000)(0.5000,0.5000)(0.6000,0.3000)\\(0.3000,0.7000)(0.6000,0.4000)(0.4000,0.5000)(0.3000,0.6000)(0.5000,0.5000)\end{bmatrix},$$

$$\boldsymbol{R}^3=\begin{bmatrix}(0.5000,0.5000)(0.2001,0.5999)(0.5000,0.3000)(0.3000,0.5000)(0.4000,0.5000)\\(0.5999,0.2001)(0.5000,0.5000)(0.7000,0.3000)(0.4000,0.4000)(0.7000,0.2000)\\(0.3000,0.5000)(0.3000,0.7000)(0.5000,0.5000)(0.2000,0.7000)(0.4000,0.3000)\\(0.5000,0.3000)(0.4000,0.4000)(0.7000,0.2000)(0.5000,0.5000)(0.5000,0.4000)\\(0.5000,0.4000)(0.2000,0.7000)(0.3000,0.4000)(0.4000,0.5000)(0.5000,0.5000)\end{bmatrix}.$$

4.6.2 求解过程

接下来, 我们分别利用三种方法求解专家的权重, 并对上述案例进行求解.

4.6.2.1 混合方法

当专家选择混合方法时, 根据式 (4.11) 建立相应的线性规划模型, 详见附录中式 (A.1).

令参数 $\theta^l_{\mu ij}=\theta^l_{\nu ij}=2$, $\alpha^l_{\mu ij}=\alpha^l_{\nu ij}=1$, $\beta^l_{\mu ij}=\beta^l_{\nu ij}=2(i,j=1,2,3,4,5;j>i;l=1,2,3)$. 利用 Lingo 软件求解线性规划模型 (A.1), 得到专家权重分别为 λ_1=0.2558, λ_2=0.3023, λ_3=0.4419.

利用式 (2.8), 得到群体直觉模糊偏好关系 $\boldsymbol{R}=(\tilde{r}_{ij})_{n\times n}$ 如下:

$$\boldsymbol{R}=\begin{bmatrix}(0.5000,0.5000)(0.3629,0.4627)(0.4488,0.3465)(0.4070,0.4233)(0.5163,0.4140)\\(0.4627,0.3629)(0.5000,0.5000)(0.5023,0.4372)(0.3953,0.4349)(0.5837,0.3465)\\(0.3465,0.4488)(0.4372,0.5023)(0.5000,0.5000)(0.3721,0.4465)(0.3791,0.3814)\\(0.4233,0.4070)(0.4349,0.3953)(0.4465,0.3721)(0.5000,0.5000)(0.4791,0.4209)\\(0.4140,0.5163)(0.3465,0.5837)(0.3814,0.3791)(0.4209,0.4791)(0.5000,0.5000)\end{bmatrix}.$$

接下来我们对方案进行排序. 在阶段 1 中, 利用式 (4.12) 计算方案 $x_i(i=1,2,3,4,5)$ 的非优势度为

$$ND_1=0.9150,\quad ND_2=0.9662,\quad ND_3=0.9150,\quad ND_4=1.0000,\quad ND_5=0.7783.$$

根据算法 I, 得到相应的非占优方案集为

$$X^{(1)}_{ND}=\{x_4\},\quad X^{(2)}_{ND}=\{x_2\},\quad X^{(3)}_{ND}=\{x_1,x_3\},\quad X^{(4)}_{ND}=\{x_5\}.$$

因此, 各方案的排序值就可以得到

$$\chi_1=3,\quad \chi_2=2,\quad \chi_3=3,\quad \chi_4=1,\quad \chi_5=4.$$

由于 $\#(X^{(3)}_{ND})\neq 1$, $X^{(3)}_{ND}$ 中的方案包括方案 x_1 和 x_3, 不能区分, 因此, 我们利用算法 II 进一步分析方案 x_1 和 x_3.

利用式 (4.14), 分别得到方案 x_1 和 x_3 的优势度为

$$DD_1=(0.4337,0.4116),\quad DD_3=(0.3837,0.4448).$$

通过式 (3.8), 计算贴近度 $C(DD_1)=0.5096$, $C(DD_3)=0.4739$. 因为 $C(DD_1)>C(DD_3)$, 可以得到 $x_1\succ x_3$.

通过集结方案的排序值和贴近度, 可以得到备选方案的排序为 $x_4\succ x_2\succ x_1\succ x_3\succ x_5$, 故最优方案为 x_4.

4.6.2.2 乐观方法

当专家选择乐观方法时, 根据式 (4.7) 建立相应的线性规划模型, 详见附录中式 (A.2).

令参数 $\delta^2_{\mu ij}=\delta^2_{\nu ij}=\theta^1_{\mu ij}=\theta^1_{\nu ij}=\theta^3_{\mu ij}=\theta^3_{\nu ij}=10$, $\delta^1_{\mu ij}=\delta^1_{\nu ij}=\delta^3_{\mu ij}=\delta^3_{\nu ij}=\theta^2_{\mu ij}=\theta^2_{\nu ij}=5(i,j=1,2,3,4,5;j>i)$. 利用 Lingo 软件求解线性规划模型 (A.2), 得到专家权重分别为 $\lambda_1=0.1186$, $\lambda_2=0.5424$, $\lambda_3=0.3390$.

利用式 (2.8), 可以得到群体直觉模糊偏好关系 $\boldsymbol{R}=(\tilde{r}_{ij})_{n\times n}$ 如下:

$$\boldsymbol{R}=\begin{bmatrix}(0.5000,0.5000)(0.3560,0.4558)(0.4763,0.2813)(0.3898,0.4644)(0.5746,0.3797)\\(0.4558,0.3560)(0.5000,0.5000)(0.4475,0.4441)(0.3576,0.4966)(0.5254,0.4288)\\(0.2813,0.4763)(0.4441,0.4475)(0.5000,0.5000)(0.4407,0.3814)(0.4305,0.3780)\\(0.4644,0.3898)(0.4966,0.3576)(0.3814,0.4407)(0.5000,0.5000)(0.5305,0.3695)\\(0.3797,0.5746)(0.4288,0.5254)(0.3780,0.4305)(0.3695,0.5305)(0.5000,0.5000)\end{bmatrix}.$$

利用式 (4.12), 可计算方案 $x_i(i=1,2,3,4,5)$ 的非优势度为

$$ND_1=0.9160,\quad ND_2=0.8787,\quad ND_3=0.8431,\quad ND_4=0.9496,\quad ND_5=0.8136.$$

类似于混合方法, 方案 $x_i(i=1,2,3,4,5)$ 的排序值 χ_i 分别为 χ_1=2, χ_2=3, χ_3=4, χ_4=1, χ_5=5. 因此, 所有备选方案的排序为 $x_4\succ x_1\succ x_2\succ x_3\succ x_5$, 最优方案为 x_4.

4.6.2.3 悲观方法

当专家选择悲观方法时, 通过式 (4.9) 建立相应的线性规划模型, 详见附录中式 (A.3).

令参数 $\theta^l_{\mu ij}=\theta^l_{\nu ij}=2$, $\lambda^l_{\mu ij}=\lambda^l_{\nu ij}=1(i,j=1,2,3,4,5;j>i;l=1,2,3)$. 利用 Lingo 软件求解线性规划模型 (A.3), 得到专家权重分别为 $\lambda_1=0.7143$, $\lambda_2=0.0476$, $\lambda_3=0.2381$.

利用式 (2.8), 得到群体直觉模糊偏好关系 $\boldsymbol{R}=(\tilde{r}_{ij})_{n\times n}$ 如下:

$$\boldsymbol{R}=\begin{bmatrix}(0.5000,0.5000)(0.4953,0.3761)(0.3571,0.5095)(0.5190,0.2857)(0.4857,0.4190)\\(0.3761,0.4953)(0.5000,0.5000)(0.4667,0.5238)(0.4667,0.3381)(0.6143,0.2905)\\(0.5095,0.3571)(0.5238,0.4667)(0.5000,0.5000)(0.3619,0.3905)(0.2619,0.4476)\\(0.2857,0.5190)(0.3381,0.4667)(0.3905,0.3619)(0.5000,0.5000)(0.3619,0.5381)\\(0.4190,0.4857)(0.2905,0.6143)(0.4476,0.2619)(0.5381,0.3619)(0.5000,0.5000)\end{bmatrix}.$$

利用式 (4.12) 计算方案 $x_i(i=1,2,3,4,5)$ 的非优势度为

$$ND_1=0.8655,\quad ND_2=0.8943,\quad ND_3=0.8561,\quad ND_4=0.8048,\quad ND_5=0.7043.$$

类似于混合方法, 方案 $x_i(i=1,2,3,4,5)$ 的排序值 χ_i 分别为 χ_1=2, χ_2=1, χ_3=3, χ_4=4, χ_5=5. 因此, 所有备选方案的排序为 $x_2 \succ x_1 \succ x_3 \succ x_4 \succ x_5$, 最优方案为 x_2.

不同方法下的计算结果和方案排序如表 4.1 表示.

表 4.1 不同方法下的计算结果和方案排序结果

	η	ϑ	$\boldsymbol{w}$	ND_1	ND_2
混合	0.8733	0	(0.2558,0.3023,0.4419)	0.9150	0.9662
乐观	0.9681	0.0212	(0.1186,0.5424,0.3390)	0.9160	0.8787
悲观	0.8452	0.0349	(0.7143,0.0476,0.2381)	0.8655	0.8943

	ND_3	ND_4	ND_5	方案排序
混合	0.9150	1.0000	0.7783	$x_4 \succ x_2 \succ x_1 \succ x_3 \succ x_5$
乐观	0.8431	0.9496	0.8136	$x_4 \succ x_1 \succ x_2 \succ x_3 \succ x_5$
悲观	0.8561	0.8048	0.7043	$x_2 \succ x_1 \succ x_3 \succ x_4 \succ x_5$

从表 4.1 中可以看出, 不同方法求得的最优方案是不同的. 总之, 专家可根据自己的风险偏好选择不同的线性规划模型求解专家的权重, 然后采用提出的二阶段排序方法对方案进行排序. 上述案例分析表明了本章所提出方法的灵活性和实用性.

4.6.3 参数的灵敏度分析

上述实例中, 计算结果是根据事先确定的参数得到的. 然而, 方案排序会随着参数值的变化而变化. 为了更好地设置合适的参数值, 有必要对参数值进行灵敏度分析. 由于线性规划模型 (4.7), (4.9) 和 (4.11) 中参数较多, 我们仅选择其中的几个进行分析说明. 在其他参数值不变的情况下, 我们仅仅改变混合方法中参数 $\theta_{\nu 24}^2$、乐观方法中参数 $\lambda_{\mu 12}^1$ 和悲观方法中参数 $d_{\mu 34}^2$ 的值. 为了直观地说明方案排序的结果, 我们分别计算不同方法中相应参数值变化时各方案的非优势度, 并分别表示在图 4.4、图 4.5 和图 4.6 中.

在图 4.4 中, 我们发现参数 $\theta_{\nu 24}^2$ 取不同值时方案的排序是不同的. 从整体上看, 所有方案的非优势度变化较为平缓. ND_1, ND_3 和 ND_5 是逐渐递增的, 然而 ND_4 是缓慢下降的. 特别地, ND_2 几乎没有变化. 而且当 $\theta_{\nu 24}^2 \in [2.1,2.3]$ 时, ND_3 比 ND_1 大; 当 $\theta_{\nu 24}^2 \in (2.3,+\infty)$ 时, ND_1 比 ND_3 大.

在图 4.5 中, 我们可以观察到参数 $\lambda_{\mu 12}^1$ 取不同值时最优方案是不同的, 而且方案排序结果的变化较为显著. 随着 $\lambda_{\mu 12}^1$ 的增大, 参数 ND_3, ND_4 和 ND_5 的值是先上升再下降, 而 ND_1 的值是先下降再上升.

图 4.6 反映了当参数 $d_{\mu 34}^2$ 取不同值时方案的排序结果. 当 $d_{\mu 34}^2 \in [0.1,0.4] \cup [1.7,1.9]$ 时, 方案排序结果的变化较大, 而当 $d_{\mu 34}^2 \in [0.4,1.7]$ 时, 各方案的非优势度几乎没有变化.

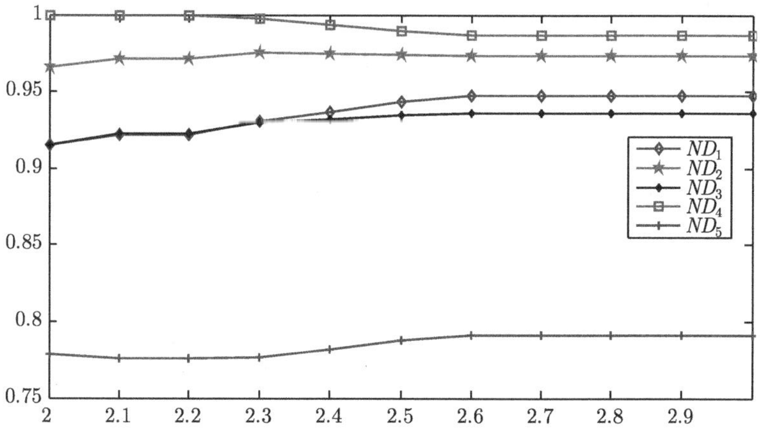

图 4.4 混合方法中参数 $\theta_{\nu24}^2$ 取不同值时各方案的非优势度

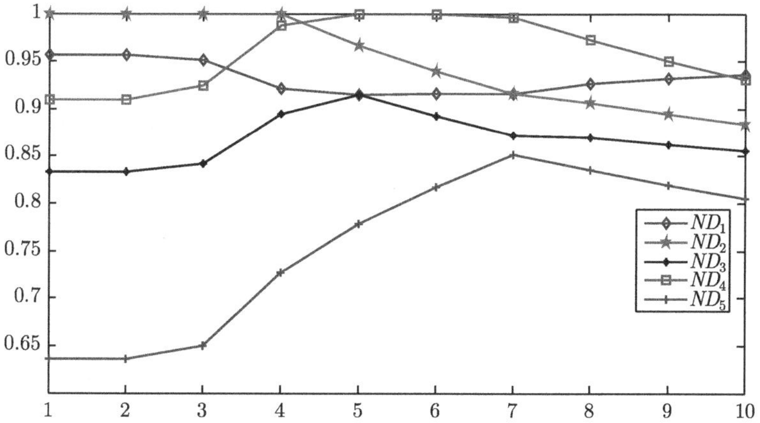

图 4.5 乐观方法中参数 $\lambda_{\mu12}^1$ 取不同值时各方案的非优势度

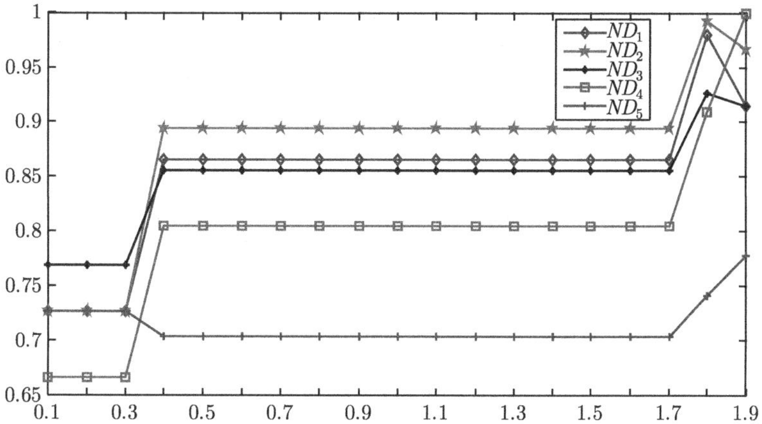

图 4.6 悲观方法中参数 $d_{\mu34}^2$ 取不同值时各方案的非优势度

4.6.4 与现有方法的比较

接下来, 我们将 Liao, Xu 和 Zeng 等 [28] 的方法和 Zeng, Su 和 Sun[86] 的方法与本章所提出方法进行比较.

Liao, Xu 和 Zeng 等 [28] 提出了一个直觉模糊偏好关系群决策方法. 假设专家权重相同, 最小多数度 $\varphi = \frac{2}{3}$, 最小的群体一致度 $\gamma = 0.8$, 一致度阈值 $\xi = 0.8$. 利用文献 [28] 的方法求解上述案例得到方案排序为 $x_4 \succ x_1 \succ x_2 \succ x_3 \succ x_5$, 这与本章所提出方法在乐观情况下的结果是一致的.

考虑到单个专家的直觉模糊偏好关系和群体直觉模糊偏好关系的相似度, Zeng, Su 和 Sun[86] 提出了一种新的直觉模糊偏好关系的群决策方法. 假设专家权重向量 $\boldsymbol{\lambda} = \left(\frac{1}{3}, \frac{1}{3}, \frac{1}{3}\right)^{\mathrm{T}}$, 可接受相似度阈值 α_0=0.45. 利用文献 [86] 的方法求解此 RFID 解决方案选择问题, 得到方案的排序为 $x_2 \succ x_1 \succ x_4 \succ x_3 \succ x_5$, 这与本章所提方法得到的结果不同.

与文献 [28, 86] 的方法相比较, 本章所提出方法具有以下的技术创新:

(1) 文献 [28, 86] 的方法均假设所有专家的权重为等权, 没有客观地考虑专家权重的确定, 而这样很难避免专家权重确定的主观任意性. 相反, 本章所提出的方法通过建立直觉模糊线性规划模型求解专家权重, 有效地减少了主观性并提高了决策结果的可信度.

(2) 在文献 [28] 中需要求解多个规划模型, 计算量较大. 如果参与决策的专家人数较多, 专家给出的评估信息的偏差也会较大. 很多判断条件如 $C_{R^{(l)}} > \xi$ 和 $\Psi < \varphi$ 等就无法满足, 这样可能导致无法得到相应的决策结果. 相对于文献 [28] 的方法, 本章所提方法更为简单有效.

(3) 文献 [86] 的方法需要事先确定直觉模糊偏好关系的可接受相似度的阈值, 但在实际决策中很难给出合理的阈值. 同时文献 [86] 的方法仅考虑了直觉模糊偏好关系的可接受的相似度, 忽略了不可接受度. 但为了尽可能地达到群体一致性, 我们同时考虑直觉模糊约束的接受度和拒绝度, 建立了直觉模糊数学规划模型. 因此, 本章所提出的方法更全面, 更符合实际情况.

(4) 利用文献 [28] 的方法得到的方案排序结果与本章所提方法在乐观情况下的结果是一致的. 这是因为文献 [28] 没有考虑专家的风险态度, 文献 [86] 也同样没有考虑. 在实际的决策问题中, 不同的专家对风险有不同的偏好, 因此在决策问题中考虑专家的风险态度是有必要的. 我们分别提出了乐观、悲观和混合三种方法求解专家的权重, 这为专家提供了更多的选择, 也具有更大的灵活性.

4.7 本章小结

本章研究了直觉模糊偏好关系的群决策方法, 主要工作包括:

(1) 针对基于直觉模糊偏好关系的群决问题, 分析了决策群体的群体一致性, 建立了直觉模糊数学规划模型用于求解专家权重.

(2) 首次探讨了直觉模糊数学规划模型的有效求解方法. 充分考虑专家的风险态度, 通过构建不同的隶属函数与非隶属函数, 我们提出了三种方法 (乐观、悲观和混合方法) 用于求解所建立的直觉模糊数学规划模型.

(3) 提出了方案排序的二阶段方法. 我们将非优势度和优势度拓展到直觉模糊环境中, 定义了方案的非优势度和优势度, 设计了基于非优势度和优势度的二阶段方案排序方法.

(4) 提出了考虑群体一致性的基于直觉模糊偏好关系的群决策方法.

尽管一个实际的 RFID 解决方案选择实例说明了所提出方法的有效性, 但是本章所提出的群决策方法还可以应用于其他许多的实际管理决策问题, 例如, 供应商选择、水资源评估、环境评估、军队武器系统评估等问题.

第 5 章　基于直觉模糊偏好关系的群决策方法

第 4 章探讨了考虑群体一致性的直觉模糊偏好关系群决策方法. 此方法并没有考虑直觉模糊偏好关系的一致性, 适合专家知识水平较高的情况, 此时专家能够给出合理的直觉模糊偏好关系. 但很多情况下, 参与决策的专家来自不同领域不同行业, 拥有不同的知识和专业背景, 要求每个专家都能提供出合理的直觉模糊偏好关系是不切实际的. 因此, 在群决策问题中, 探讨直觉模糊偏好关系的一致性是非常必要的.

本章同时考虑直觉模糊偏好关系的一致性和群体一致性, 提出了基于直觉模糊偏好关系的群决策方法. 首先, 专家的权重通过基于 TOPSIS 的方法获得. 其次, 通过建立直觉模糊数学规划模型, 并提出乐观、悲观和混合三种方法求解此模型, 导出直觉模糊偏好关系的优先级权重. 随后, 提出了一种新的基于直觉模糊偏好关系的群决策方法. 最后, 通过某汽车有限公司物流外包服务商选择实例分析, 说明了此方法的优越性.

5.1　基于直觉模糊偏好关系的群决策问题描述

对某一个群决策问题, 令 $E=\{e_1,e_2,\cdots,e_q\}$ 是专家集, $X=\{x_1,x_2,\cdots,x_n\}$ 是方案集. 专家 $e_k(k=1,2,\cdots,q)$ 能够提供方案两两比较的偏好信息, 形成个体直觉模糊偏好关系 $\boldsymbol{R}^k=(\tilde{r}_{ij}^k)_{n\times n}$, 其中 $\tilde{r}_{ij}^k=(\mu_{ij}^k,\nu_{ij}^k)$ 是直觉模糊值, μ_{ij}^k 是专家 e_k 给出的方案 x_i 优于 x_j 的程度, ν_{ij}^k 是专家 e_k 给出的方案 x_i 不优于 x_j 的程度. 由于直觉模糊偏好关系的定义, 直觉模糊偏好关系 $\boldsymbol{R}^k=(\tilde{r}_{ij}^k)_{n\times n}$ 中元素 $\tilde{r}_{ij}^k(k=1,2,\cdots,q)$ 满足下面的条件:

$$0\leqslant\mu_{ij}^k+\nu_{ij}^k\leqslant 1,\quad \mu_{ij}^k=\nu_{ji}^k,\quad \nu_{ij}^k=\mu_{ji}^k,\quad \mu_{ii}^k=\nu_{ii}^k=0.5,\quad \forall i,j=1,2,\cdots,n.$$

假设 $\boldsymbol{\lambda}=(\lambda_1,\lambda_2,\cdots,\lambda_q)^{\mathrm{T}}$ 是专家的权重向量, 其中 λ_k 代表专家 e_k 在群决策中的重要性. 本章所要研究的问题是根据个体直觉模糊偏好关系 $\boldsymbol{R}^k=(\tilde{r}_{ij}^k)_{n\times n}(k=1,2,\cdots,q)$, 如何导出方案的群体排序向量, 进而给出方案的排序结果.

为此, 本章首先采用改进的 TOPSIS 方法确定专家权重, 其次构建直觉模糊数学规划模型确定方案优先级权重, 然后探讨直觉模糊规划模型求解方法, 最后给出群决策方法的步骤.

5.2 改进的 TOPSIS 方法确定专家权重

在群决策过程中, 由于不同的专家会充当不同的角色, 因此专家的重要性 (权重) 是决策过程的重要因素. 专家权重的确定是群决策首要解决的关键问题. 通常, 某个专家的意见越接近群体意见, 那么这个专家所提供的信息就越重要. 基于此, 我们建立正理想决策 (PID) 矩阵、左–负理想决策 (L-NID) 矩阵和右–负理想决策 (R-NID) 矩阵, 并提出一个基于 TOPSIS 的方法[87] 用于确定专家权重.

(1) 构造 PID 矩阵 $\boldsymbol{R}^* = (\tilde{r}^*_{ij})_{n\times n} = ((\mu^*_{ij},\nu^*_{ij}))_{n\times n}$, 其中 $\mu^*_{ij} = \dfrac{1}{q}\sum\limits_{k=1}^{q}\mu^k_{ij}$ 和 $\nu^*_{ij} = \dfrac{1}{q}\sum\limits_{k=1}^{q}\nu^k_{ij}$.

显然, $\boldsymbol{R}^*$ 是所有专家个体直觉模糊偏好关系矩阵的平均矩阵, 在一定程度上反映了群体意见, 因此我们称 $\boldsymbol{R}^*$ 为 PID 矩阵.

(2) 定义 L-NID 矩阵 $\boldsymbol{R}^l = (\tilde{r}^l_{ij})_{n\times n} = ((\mu^l_{ij},\nu^l_{ij}))_{n\times n}$ 和 R-NID 矩阵 $\boldsymbol{R}^r = (\tilde{r}^r_{ij})_{n\times n} = ((\mu^r_{ij},\nu^r_{ij}))_{n\times n}$, 其中 $\mu^l_{ij} = \min\limits_{1\leqslant k\leqslant q}\{\mu^k_{ij}\}$, $\nu^l_{ij} = \max\limits_{1\leqslant k\leqslant q}\{\nu^k_{ij}\}$, $\mu^r_{ij} = \max\limits_{1\leqslant k\leqslant q}\{\mu^k_{ij}\}$ 和 $\nu^r_{ij} = \min\limits_{1\leqslant k\leqslant q}\{\nu^k_{ij}\}$.

负理想 (NID) 矩阵应该与 PID 有最大的偏差, 而最大的偏差来自 PID 矩阵 $\boldsymbol{R}^*$ 的左右两边. 因此, 我们给出了 L-NID 矩阵 $\boldsymbol{R}^l$ 和 R-NID 矩阵 $\boldsymbol{R}^r$. $\boldsymbol{R}^l$ 和 $\boldsymbol{R}^r$ 分别代表了所有专家决策中最小和最大的矩阵. 若专家 e_k 的直觉模糊偏好关系 $\boldsymbol{R}^k$ 与 $\boldsymbol{R}^*$ 越近, 同时与 $\boldsymbol{R}^l$ 和 $\boldsymbol{R}^r$ 越远, 那么专家 e_k 的重要性越大, 因此专家 e_k 应分配较大的权重.

(3) 分别计算矩阵 $\boldsymbol{R}^k$ 与 $\boldsymbol{R}^*$, $\boldsymbol{R}^l$ 和 $\boldsymbol{R}^r$ 的汉明距离, 如下:

$$d(\boldsymbol{R}^k,\boldsymbol{R}^*) = \frac{1}{n^2}\sum_{i=1}^{n}\sum_{j=1}^{n}d(\tilde{r}^k_{ij},\tilde{r}^*_{ij}),$$

$$d(\boldsymbol{R}^k,\boldsymbol{R}^l) = \frac{1}{n^2}\sum_{i=1}^{n}\sum_{j=1}^{n}d(\tilde{r}^k_{ij},\tilde{r}^l_{ij}),$$

$$d(\boldsymbol{R}^k,\boldsymbol{R}^r) = \frac{1}{n^2}\sum_{i=1}^{n}\sum_{j=1}^{n}d(\tilde{r}^k_{ij},\tilde{r}^r_{ij}),$$

其中, $d(\tilde{r}^t_{ij},\tilde{r}^*_{ij})$, $d(\tilde{r}^t_{ij},\tilde{r}^l_{ij})$ 和 $d(\tilde{r}^t_{ij},\tilde{r}^r_{ij})$ 均可通过式 (2.3) 得到.

(4) 专家 e_k 相对于理想解的贴近度可以定义为

$$c_k = \frac{d(\boldsymbol{R}^k,\boldsymbol{R}^l) + d(\boldsymbol{R}^k,\boldsymbol{R}^r)}{d(\boldsymbol{R}^k,\boldsymbol{R}^*) + d(\boldsymbol{R}^k,\boldsymbol{R}^l) + d(\boldsymbol{R}^k,\boldsymbol{R}^r)} \quad (k=1,2,\cdots,q).$$

(5) 通过规范化贴近度得到专家 e_k 的权重 λ_k 如下：

$$\lambda_k = c_k \Big/ \sum_{k=1}^{m} c_k \quad (k = 1, 2, \cdots, q). \tag{5.1}$$

求得专家权重后, 通过定理 2.3 即可得到群体的直觉模糊偏好关系 $\boldsymbol{R}=(\tilde{r}_{ij})_{n\times n}$. 下面, 我们需要考虑如何从 $\boldsymbol{R}=(\tilde{r}_{ij})_{n\times n}$ 中得到方案的优先级权重, 进而确定方案的排序.

5.3 直觉模糊规划确定方案优先级权重

根据 2.4 节中直觉模糊偏好关系的一致性定义可知, 如果直觉模糊偏好关系 $\boldsymbol{R}=(\tilde{r}_{ij})_{n\times n}$ 中存在优先级向量 $\boldsymbol{w}$ 满足式 (2.7), 那么 $\boldsymbol{R}=(\tilde{r}_{ij})_{n\times n}$ 是一致的. 换句话说, 如果 $\boldsymbol{R}=(\tilde{r}_{ij})_{n\times n}$ 是不一致的, 那就不会存在优先级向量 $\boldsymbol{w}$ 满足式 (2.7). 因此, 一个好的结果就是找到一个优先级向量 $\boldsymbol{w}$ 尽可能地满足式 (2.7), 这也就意味着所有的判断尽可能地保证偏差为 0, 也就是

$$\mu_{ij}\tilde{\leqslant}0.5(w_i - w_j + 1)\tilde{\leqslant}1 - \nu_{ij}, \quad \forall i = 1, 2, \cdots, n; \quad j = 1, 2, \cdots, n, \tag{5.2}$$

其中, 符号 "$\tilde{\leqslant}$" 表示 "模糊小于等于".

当 $0.5(w_i - w_j + 1)$ 的值介于 μ_{ij} 和 $1-\nu_{ij}$ 范围内时, 专家的满意度为 1. 然而当 $0.5(w_i - w_j + 1)$ 的值落在 $[\mu_{ij}, 1-\nu_{ij}]$ 范围之外时, 专家的满意度会在一定范围 $[1-\nu_{ij}+d_{ij}^{+}, \mu_{ij}-d_{ij}^{-}]$ 内下降.

Mikhailov[88] 认为这样的不等式可以采用模糊集表示, 进而从区间模糊偏好关系中推导出优先级权重. 在 Mikhailov[62] 的基础上, Zhu 和 Xu[89] 同样构建了模糊线性规划模型, 从加性模糊互反偏好关系中析取优先级权重. 值得说明的是, Mikhailov[88] 与 Zhu 和 Xu[89] 均将类似于式 (2.7) 这样的不等式约束看成模糊集, 因此他们仅构建了模糊集的隶属度来推导出优先级权重, 而忽略了不等式约束的非隶属度.

实际上, 任何不等式不仅存在模糊性, 还存在犹豫不确定性. 由于直觉模糊集同时考虑了隶属度、非隶属度和犹豫度三个方面, 因此可以通过合理地构建隶属度和非隶属度, 将不等式约束形成直觉模糊优化问题. 另外, 考虑到决策者提供的是直觉模糊偏好关系 $\boldsymbol{R}=(\tilde{r}_{ij})_{n\times n}$, 更有理由将模糊约束 (5.2) 看成直觉模糊约束. 这样我们可以用直觉模糊集表示式 (5.2).

因此, 可将式 (5.2) 转化为下面两个单边的直觉模糊约束的集合：

$$\mu_{ij} - 0.5(w_i - w_j + 1)\tilde{\leqslant}_{\mathrm{IF}}0,$$

$$0.5(w_i - w_j + 1) - (1 - \nu_{ij}) \tilde{\leqslant}_{\mathrm{IF}} 0, \quad \forall i = 1, 2, \cdots, n; \quad j = 1, 2, \cdots, n, \tag{5.3}$$

其中, 符号 "$\tilde{\leqslant}_{\mathrm{IF}}$" 表示实数集中序关系 "$\leqslant$" 的直觉模糊版本, 表示 "基本小于或者等于".

考虑到直觉模糊偏好关系的定义, 式 (5.3) 可以简化为如下形式:

$$\begin{cases} w_j - w_i \tilde{\leqslant}_{\mathrm{IF}} 2\mu_{ij} - 1, \ i = 1, 2, \cdots, n-1; j = 2, 3, \cdots, n; j > i, \\ w_i - w_j \tilde{\leqslant}_{\mathrm{IF}} 1 - 2\nu_{ij}, \ i = 1, 2, \cdots, n-1; j = 2, 3, \cdots, n; j > i. \end{cases} \tag{5.4}$$

令 $m = n(n-1)$. 这样上述 m 个直觉模糊约束可以表示成如下的统一形式:

$$\boldsymbol{A}\boldsymbol{w} \tilde{\leqslant}_{\mathrm{IF}} \boldsymbol{b}, \tag{5.5}$$

其中

$$\boldsymbol{A} = (a_{ij})_{m\times n} = \begin{pmatrix} -1 & 1 & & & & \\ -1 & & 1 & & & \\ \vdots & & & & & \vdots \\ -1 & & & & & 1 \\ & -1 & 1 & & & \\ & -1 & & 1 & & \\ & \vdots & & & & \vdots \\ & -1 & & & & 1 \\ \ddots & & & & & \ddots \\ & & & & -1 & 1 \\ 1 & -1 & & & & \\ 1 & & -1 & & & \\ \vdots & & & & & \vdots \\ 1 & & & & & -1 \\ & 1 & -1 & & & \\ & 1 & & -1 & & \\ & \vdots & & & & \\ & 1 & & & & -1 \\ \ddots & & & & & \ddots \\ & & & & 1 & -1 \end{pmatrix}_{m\times n},$$

$$
\boldsymbol{b}=(b_i)_{m\times 1}=\begin{pmatrix} 2\mu_{12}-1 \\ 2\mu_{13}-1 \\ \vdots \\ 2\mu_{1\mathrm{n}}-1 \\ 2\mu_{23}-1 \\ 2\mu_{24}-1 \\ \vdots \\ 2\mu_{2n}-1 \\ \vdots \\ 2\mu_{(n-1)n}-1 \\ 1-2v_{12} \\ 1-2v_{13} \\ \vdots \\ 1-2v_{1n} \\ 1-2v_{23} \\ 1-2v_{24} \\ \vdots \\ 1-2v_{2n} \\ \vdots \\ 1-2v_{(n-1)n} \end{pmatrix}_{m\times 1}.
$$

不等式 $(\boldsymbol{Aw})_t\tilde{\lessgtr}_{\mathrm{IF}}b_t$ 表示式 (5.5) 的第 t 个约束, $t=1,2,\cdots,m$.

定义 5.1　令 $(n-1)$ 维向量集合 $W=\left\{\boldsymbol{w}=(w_1,w_2,\cdots,w_n)^{\mathrm{T}}\middle|\sum_{i=1}^{n}w_i=1,\ w_i\geqslant 0,i=1,2,\cdots,n\right\}$. 直觉模糊不等式 $(\boldsymbol{Aw})_t\tilde{\lessgtr}_{\mathrm{IF}}b_t$ 可以采用论域 W 上的直觉模糊集 $C_t=\{\langle\boldsymbol{w},\mu_t(\boldsymbol{w}),v_t(\boldsymbol{w})\rangle|\boldsymbol{w}\in W\}$ 表示, 其中隶属度函数 $\mu_t(\boldsymbol{w})\in[0,1]$ 和非隶属度函数 $\nu_t(\boldsymbol{w})\in[0,1]$ 满足 $\mu_t(\boldsymbol{w})+\nu_t(\boldsymbol{w})\leqslant 1$, 并在下文中构建.

特别地, 如果 $\nu_t(\boldsymbol{w})=0$, 那么直觉模糊不等式 $(\boldsymbol{Aw})_t\tilde{\lessgtr}_{\mathrm{IF}}b_t$ 就退化为模糊不等式; 如果 $\mu_t(\boldsymbol{w})=1$ 且 $\nu_t(\boldsymbol{w})=0$, 那么直觉模糊不等式 $(\boldsymbol{Aw})_t\tilde{\lessgtr}_{\mathrm{IF}}b_t$ 就退化为传统的实数不等式.

根据定义 5.1, 直觉模糊约束 $(\boldsymbol{A\omega})_t\tilde{\lessgtr}_{\mathrm{IF}}\boldsymbol{b}_t$ 可以用直觉模糊集 $C_t=\{\langle\boldsymbol{\omega},\mu_t(\boldsymbol{\omega}),v_t(\boldsymbol{\omega})\rangle|\boldsymbol{\omega}\in W\}$ 表示. 根据 Bellman 和 Zadeh 的拓展原理[85], 直觉模糊决策 D 可

以表示成直觉模糊集

$$D=\{\langle\boldsymbol{\omega},\mu_D(\boldsymbol{\omega}),v_D(\boldsymbol{\omega})\rangle|\boldsymbol{w}\in W\},$$

其中 $\mu_D(\boldsymbol{\omega})=\min\{\mu_1(\boldsymbol{\omega}),\mu_2(\boldsymbol{\omega}),\cdots,\mu_m(\boldsymbol{\omega})\}$ 和 $v_D(\boldsymbol{\omega})=\max\{v_1(\boldsymbol{\omega}),v_2(\boldsymbol{\omega}),\cdots,v_m(\boldsymbol{\omega})\}$.

因此, 方案的优先级权重向量 $\boldsymbol{w}$ 可以通过直觉模糊决策 D(也称为直觉模糊数学规划模型) 确定. 下面, 我们探讨直觉模糊数学规划模型的求解方法.

5.4 直觉模糊规划模型求解方法

受 Dubey, Chandra 和 Mehra[84] 启发, 本节提出三种方法求解直觉模糊规划模型, 进而得到优先级权重向量 $\boldsymbol{\omega}$.

5.4.1 乐观方法

对于第 t 个直觉模糊约束 $(\boldsymbol{Aw})_t\tilde{\leqslant}_{\mathrm{IF}}b_t$, 其线性隶属函数和非隶属函数分别为

$$\mu_t(\boldsymbol{w})=\begin{cases}0, & (\boldsymbol{Aw})_t>b_t+\theta_t,\\ 1-\dfrac{(\boldsymbol{Aw})_t-b_t}{\theta_t}, & b_t\leqslant(\boldsymbol{Aw})_t\leqslant b_t+\theta_t,\\ 1, & (\boldsymbol{Aw})_t<b_t;\end{cases} \tag{5.6}$$

$$\nu_t(\boldsymbol{w})=\begin{cases}1, & (\boldsymbol{Aw})_t>b_t+\theta_t+\delta_t,\\ \dfrac{(\boldsymbol{Aw})_t-b_t}{\theta_t+\delta_t}, & b_t\leqslant(\boldsymbol{Aw})_t\leqslant b_t+\theta_t+\delta_t,\\ 0, & (\boldsymbol{Aw})_t<b_t,\end{cases} \tag{5.7}$$

其中, 参数 $\theta_t,\delta_t>0$.

隶属函数 $\mu_t(\boldsymbol{w})$ 表示直觉模糊约束 $(\boldsymbol{Aw})_t\tilde{\leqslant}_{\mathrm{IF}}b_t$ 的接受度, 而非隶属函数 $\nu_t(\boldsymbol{w})$ 表示直觉模糊约束 $(\boldsymbol{Aw})_t\tilde{\leqslant}_{\mathrm{IF}}b_t$ 的拒绝度. 直觉模糊约束 $(\boldsymbol{Aw})_t\tilde{\leqslant}_{\mathrm{IF}}b_t$ 的隶属函数和非隶属函数可以用图 5.1 表示.

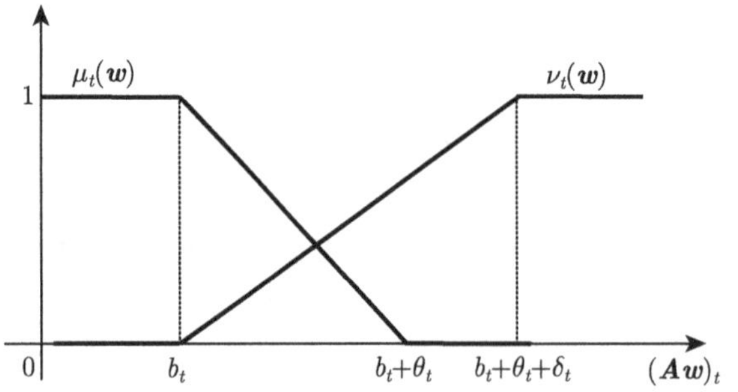

图 5.1　乐观方法下直觉模糊约束 $(\boldsymbol{Aw})_t\tilde{\leqslant}_{\mathrm{IF}}b_t$ 的隶属函数和非隶属函数

注意到区间 $[b_t+\theta_t,b_t+\theta_t+\delta_t]$ 中, $\mu_t(\boldsymbol{w})$ 的值为 0 而 $\nu_t(\boldsymbol{w})$ 的值并不为 1. 也就是说专家不接受 $(\boldsymbol{Aw})_t$ 大于 $b_t+\theta_t$ 的情况, 但当 $(\boldsymbol{Aw})_t$ 介于 $b_t+\theta_t$ 和 $b_t+\theta_t+\delta_t$ 之间时, 专家并没有完全拒绝. 因此, 这是乐观的方法.

显然, $\mu_t(\boldsymbol{w}),\nu_t(\boldsymbol{w})\in[0,1]$ 而且 $\mu_t(\boldsymbol{w})+\nu_t(\boldsymbol{w})\leqslant 1$. 当 $(\boldsymbol{Aw})_t\leqslant b_t$ 时, 隶属函数 $\mu_t(\boldsymbol{w})=1$, 这表明决策者 "完全满意"; 当 $(\boldsymbol{Aw})_t>b_t+\theta_t$ 时, 隶属函数 $\mu_t(\boldsymbol{w})=0$, 这表明 "完全不满意"; 当 $b_t\leqslant(\boldsymbol{Aw})_t\leqslant b_t+\theta_t$ 时, 隶属函数 $\mu_t(\boldsymbol{w})\in(0,1)$, 这表明 "近似满意". 当 $(\boldsymbol{Aw})_t<b_t$ 时, 非隶属函数 $v_t(\boldsymbol{w})=0$, 这表示 "没有拒绝"; 当 $(\boldsymbol{Aw})_t>b_t+\theta_t+\delta_t$ 时, 非隶属函数 $v_t(\boldsymbol{w})=1$, 这表明 "完全拒绝"; 当 $b_t\leqslant(\boldsymbol{Aw})_t\leqslant b_t+\theta_t+\delta_t$ 时, 非隶属函数 $\nu_t(\boldsymbol{w})\in(0,1)$, 这表明 "近似拒绝".

因此, 直觉模糊决策 D 可以转化成以下的实数不等式组:

$$\begin{cases}\mu_t(\boldsymbol{w})\geqslant\eta,\ t=1,2,\cdots,m,\\ v_t(\boldsymbol{w})\leqslant\vartheta,\ t=1,2,\cdots,m,\\ \eta\geqslant\vartheta,\ \vartheta\geqslant 0,\ \eta+\vartheta\leqslant 1,\end{cases}$$

其中 η 表示直觉模糊约束的最小可接受度, ϑ 表示直觉模糊约束的最大拒绝度.

为确定优先级权重 $\boldsymbol{w}^*$, 通过最大化最小可接受度 η 和最小化最大拒绝度 ϑ 建立下面的双目标规划模型:

$$\begin{aligned}&\max\eta\\&\min\vartheta\\&\text{s.t.}\begin{cases}\mu_t(\boldsymbol{w})\geqslant\eta,\ t=1,2,\cdots,m,\\ v_t(\boldsymbol{w})\leqslant\vartheta,\ t=1,2,\cdots,m,\\ \eta\geqslant\vartheta,\ \vartheta\geqslant 0,\ \eta+\vartheta\leqslant 1,\\ \boldsymbol{w}\in W.\end{cases}\end{aligned}\tag{5.8}$$

上述的双目标规划模型可以转化为下面的单目标规划模型:

$$\max\{\eta-\vartheta\}$$
$$\text{s.t.}\begin{cases}\mu_t(\boldsymbol{w})\geqslant\eta,\ t=1,2,\cdots,m,\\ v_t(\boldsymbol{w})\leqslant\vartheta,\ t=1,2,\cdots,m,\\ \eta\geqslant\vartheta,\ \vartheta\geqslant 0,\ \eta+\vartheta\leqslant 1,\\ \boldsymbol{w}\in W.\end{cases}\tag{5.9}$$

将式 (5.6) 和式 (5.7) 代入式 (5.9) 中, 可以得到下面的线性规划模型:

$$\max\{\eta-\vartheta\}$$
$$\text{s.t.}\begin{cases}\sum_{j=1}^{n}a_{tj}w_j\leqslant b_t+(1-\eta)\theta_t,\ t=1,2,\cdots,m,\\ \sum_{j=1}^{n}a_{tj}w_j\leqslant b_t+\vartheta(\theta_t+\delta_t),\ t=1,2,\cdots,m,\\ \eta\geqslant\vartheta,\ \vartheta\geqslant 0,\ \eta+\vartheta\leqslant 1,\\ \sum_{j=1}^{n}w_j=1, w_j\geqslant 0,\ j=1,2,\cdots,n.\end{cases}\tag{5.10}$$

通过求解上述线性规划, 可以得到乐观方法中最优解 $(\boldsymbol{w}^*,\eta^*,\vartheta^*)$, 其中 $\boldsymbol{w}^*$ 是最优的优先级权重, η^* 和 ϑ^* 分别是直觉模糊约束的最大接受度和最小拒绝度. 如果 $\eta^*=1$ 且 $\vartheta^*=0$, 那么直觉模糊偏好关系 $\boldsymbol{R}=(\tilde{r}_{ij})_{n\times n}$ 是一致的; 否则直觉模糊偏好关系 $\boldsymbol{R}=(\tilde{r}_{ij})_{n\times n}$ 是不一致的. 通常参数 θ_t 和 δ_t 应该选择得足够大以保证模型 (5.10) 的可行域存在且有界.

5.4.2 悲观方法

在悲观方法中, 对于第 t 个直觉模糊约束 $(\boldsymbol{A}\boldsymbol{w})_t\tilde{\leqslant}_{\text{IF}}b_t$, 其线性隶属函数仍为式 (5.6), 而非隶属函数表示为

$$\nu_t(\boldsymbol{w})=\begin{cases}1, & (\boldsymbol{A}\boldsymbol{w})_t>b_t+\theta_t,\\ \dfrac{(\boldsymbol{A}\boldsymbol{w})_t-(b_t+\theta_t-\varsigma_t)}{r_t}, & b_k+\theta_t-\varsigma_t\leqslant(\boldsymbol{A}\boldsymbol{w})_t\leqslant b_t+\theta_t,\\ 0, & (\boldsymbol{A}\boldsymbol{w})_t<b_t+\theta_t-\varsigma_t,\end{cases}\tag{5.11}$$

其中 $\theta_t>\varsigma_t>0$.

直觉模糊约束 $(\boldsymbol{A}\boldsymbol{w})_t\tilde{\leqslant}_{\text{IF}}b_t$ 的隶属函数和非隶属函数可以用图 5.2 表示.

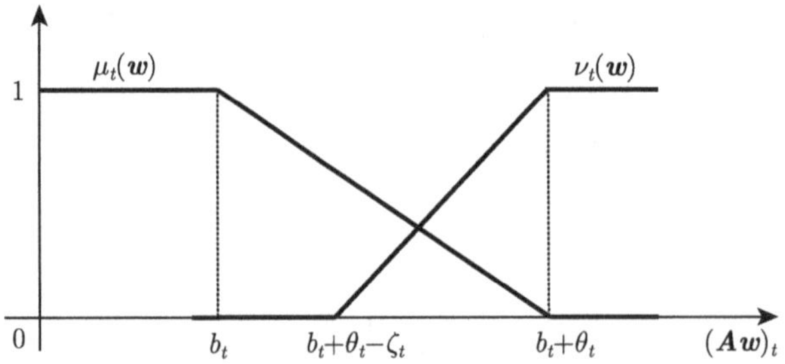

图 5.2　悲观方法下直觉模糊约束 $(\boldsymbol{Aw})_t \tilde{\leqslant}_{\mathrm{IF}} b_t$ 的隶属函数和非隶属函数

从图 5.2 可以看出, 在区间 $[b_t, b_t+\theta_t-\varsigma_t]$ 中, $\nu_t(\boldsymbol{w})$ 的值为 0 而 $\mu_t(\boldsymbol{w})$ 的值并不为 1. 也就是说, 当 $(\boldsymbol{Aw})_t$ 介于 b_t 与 $b_t+\theta_t-\varsigma_t$ 之间时, 专家根本没有拒绝该直觉模糊约束, 但他们也没有完全接受. 因此, 这是悲观的方法.

类似于乐观方法, 可以得到如下的线性规划模型:

$$\max\{\eta-\vartheta\}$$
$$\text{s.t.}\begin{cases}\displaystyle\sum_{j=1}^{n} a_{tj}w_j \leqslant b_t + (1-\eta)\theta_t,\ t=1,2,\cdots,m,\\ \displaystyle\sum_{j=1}^{n} a_{tj}w_j \leqslant b_t + \theta_t - \varsigma_t + \vartheta\varsigma_t,\ t=1,2,\cdots,m,\\ \eta\geqslant\vartheta,\ \vartheta\geqslant 0,\ \eta+\vartheta\leqslant 1,\\ \displaystyle\sum_{j=1}^{n} w_j = 1, w_j\geqslant 0,\ j=1,2,\cdots,n.\end{cases} \tag{5.12}$$

通过求解上述线性规划, 可以得到悲观方法中的最优解 $(\boldsymbol{w}^*, \eta^*, \vartheta^*)$.

5.4.3　混合方法

在混合方法中, 对于第 t 个直觉模糊约束 $(\boldsymbol{Aw})_t \tilde{\leqslant}_{\mathrm{IF}} b_t$, 其线性隶属函数仍为式 (5.6), 而非隶属函数表示为

$$\nu_t(\boldsymbol{w}) = \begin{cases} 1, & (\boldsymbol{Aw})_t > b_t+\theta_t+\alpha_t,\\ \dfrac{(\boldsymbol{Aw})_t-(b_t+\theta_t+\alpha_t-\beta_t)}{\beta_t}, & b_t+\theta_t+\alpha_t-\beta_t \leqslant (\boldsymbol{Aw})_t \leqslant b_t+\theta_t+\alpha_t,\\ 0, & (\boldsymbol{Aw})_t < b_t+\theta_t+\alpha_t-\beta_t,\end{cases} \tag{5.13}$$

其中 $\theta_t+\alpha_t>\beta_t>\alpha_t>0$.

直觉模糊约束 $(\boldsymbol{Aw})_t \tilde{\leqslant}_{\mathrm{IF}} b_t$ 的隶属函数和非隶属函数可以用图 5.3 表示.

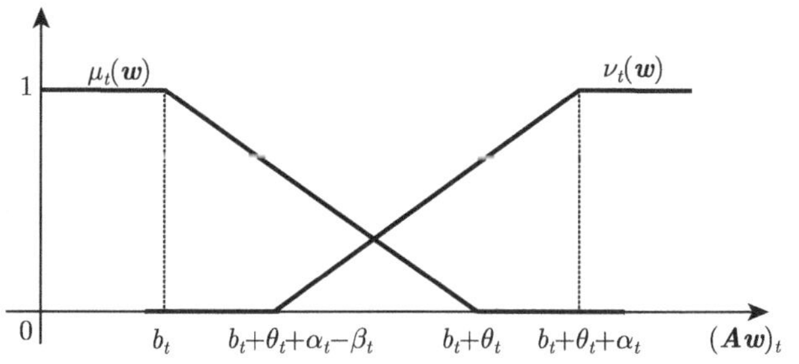

图 5.3 混合方法下直觉模糊约束 $(\boldsymbol{A}\boldsymbol{w})_t \tilde{\leqslant}_{\mathrm{IF}} b_t$ 的隶属函数和非隶属函数

从图 5.3 可以看出, 在区间 $[b_t, b_t+\theta_t+\alpha_t-\beta_t]$ 中, $\nu_t(\boldsymbol{w})$ 的值为 0 而 $\mu_t(\boldsymbol{w})$ 的值并不为 1. 在区间 $[b_t+\theta_t, b_t+\theta_t+\alpha_t]$ 中, $\mu_t(\boldsymbol{w})$ 的值为 0 而 $\nu_t(\boldsymbol{w})$ 的值并不为 1. 因此, 这是混合的方法.

类似地, 可以得到如下的线性规划模型:

$$\max\{\eta-\vartheta\}$$
$$\text{s.t.}\begin{cases}\sum_{j=1}^{n} a_{tj}w_j \leqslant b_t+(1-\eta)p_t,\ t=1,2,\cdots,m,\\ \sum_{j=1}^{n} a_{tj}w_j \leqslant b_t+\theta_t+\alpha_t-\beta_t+\vartheta\beta_t,\ t=1,2,\cdots,m,\\ \eta\geqslant\vartheta,\ \vartheta\geqslant 0,\ \eta+\vartheta\leqslant 1,\\ \sum_{j=1}^{n} w_j=1,\ w_j\geqslant 0,\ j=1,2,\cdots,n.\end{cases} \tag{5.14}$$

通过求解上述线性规划, 可以得到混合方法中的最优解 $(\boldsymbol{w}^*, \eta^*, \vartheta^*)$.

总之, 专家可以根据自身的风险偏好选择相应的线性规划模型, 通过求解线性规划模型, 得到直觉模糊偏好关系的优先级权重.

5.5 基于直觉模糊偏好关系的群决策方法

通过上述分析, 基于直觉模糊偏好关系的群决策方法可以总结为以下步骤.

步骤 1 通过式 (5.1) 确定专家的权重 $\lambda_k(k=1,2,\cdots,q)$.

步骤 2 利用式 (2.8), 集结个体专家的直觉模糊偏好关系 $\boldsymbol{R}^k=(\tilde{r}_{ij}^k)_{n\times n}(k=1,2,\cdots,q)$, 得到群体直觉模糊偏好关系 $\boldsymbol{R}=(\tilde{r}_{ij})_{n\times n}$.

步骤 3 针对群体直觉模糊偏好关系 $\boldsymbol{R}=(\tilde{r}_{ij})_{n\times n}$, 根据专家的风险偏好选择相应的线性规划模型 (式 (5.10)、式 (5.12) 或式 (5.14), 从而确定方案的优先级权重 $w_j(j=1,2,\cdots,n)$.

步骤 4 根据方案的优先级权重 $w_j(j=1,2,\cdots,n)$ 对方案进行排序, 从而选择最优方案.

5.6 某汽车有限公司物流外包服务商选择实例分析

本节中, 我们将采用某汽车有限公司物流外包服务商选择实例, 来说明本章所提出方法的可行性和有效性.

5.6.1 实例背景描述

某汽车有限公司面向市场投放了多款产品, 产品上市即受到用户追捧, 一直处于供不应求的状态. 该汽车有限公司虽然有足够的设施和资金自营物流, 但在物流行业没有先进的技术, 达不到规模效益, 致使自营物流在成本上没有优势. 基于以上一些因素, 该公司决定将物流业务外包. 现在可供选择的第三方物流公司主要有远城物流有限公司 x_1、盛辉物流有限公司 x_2、一汽物流有限公司 x_3、安吉物流有限公司 x_4 和重庆国家集装箱汽车物流有限公司 x_5.

该公司邀请了三位专家对五个备选的物流外包服务商进行评估.每个专家e_k均给出相应的方案两两比较的偏好信息, 构成直觉模糊偏好关系 $\boldsymbol{R}^k(k=1,2,3)$ 如下:

$$\boldsymbol{R}^1=(\tilde{r}_{ij}^1)_{5\times 5}=\begin{bmatrix}(0.50,0.50)(0.65,0.30)(0.45,0.35)(0.60,0.20)(0.55,0.45)\\(0.30,0.65)(0.50,0.50)(0.30,0.55)(0.45,0.30)(0.60,0.35)\\(0.35,0.45)(0.55,0.30)(0.50,0.50)(0.30,0.25)(0.55,0.40)\\(0.20,0.60)(0.30,0.45)(0.25,0.30)(0.50,0.50)(0.60,0.30)\\(0.45,0.55)(0.35,0.60)(0.40,0.55)(0.30,0.60)(0.50,0.50)\end{bmatrix},$$

$$\boldsymbol{R}^2=(\tilde{r}_{ij}^2)_{5\times 5}=\begin{bmatrix}(0.50,0.50)(0.35,0.40)(0.40,0.30)(0.35,0.55)(0.55,0.30)\\(0.40,0.35)(0.50,0.50)(0.25,0.40)(0.30,0.60)(0.50,0.25)\\(0.30,0.40)(0.40,0.25)(0.50,0.50)(0.40,0.20)(0.45,0.35)\\(0.55,0.35)(0.60,0.30)(0.20,0.40)(0.50,0.50)(0.60,0.35)\\(0.30,0.55)(0.25,0.50)(0.35,0.45)(0.35,0.60)(0.50,0.50)\end{bmatrix},$$

$$\boldsymbol{R}^3=(\tilde{r}_{ij}^3)_{5\times 5}=\begin{bmatrix}(0.50,0.50)(0.75,0.15)(0.30,0.55)(0.60,0.30)(0.35,0.50)\\(0.15,0.75)(0.50,0.50)(0.40,0.35)(0.55,0.30)(0.70,0.10)\\(0.55,0.30)(0.35,0.40)(0.50,0.50)(0.25,0.40)(0.60,0.20)\\(0.30,0.60)(0.30,0.55)(0.40,0.25)(0.50,0.50)(0.65,0.35)\\(0.50,0.35)(0.10,0.70)(0.20,0.60)(0.35,0.65)(0.50,0.50)\end{bmatrix}.$$

5.6.2 求解过程

步骤 1 确定专家的权重.

(i) 构建 PID 矩阵 $\boldsymbol{R}^*$, 如下所示:

$$\boldsymbol{R}^* = (\tilde{r}_{ij}^*)_{5\times 5}$$
$$= \begin{bmatrix} (0.5000, 0.5000)(0.5833, 0.2833)(0.3833, 0.4000)(0.5167, 0.3500)(0.4833, 0.4167) \\ (0.2833, 0.5833)(0.5000, 0.5000)(0.3167, 0.4333)(0.4333, 0.4000)(0.6000, 0.2333) \\ (0.4000, 0.3833)(0.4333, 0.3167)(0.5000, 0.5000)(0.3167, 0.2833)(0.5333, 0.3167) \\ (0.3500, 0.5167)(0.4000, 0.4333)(0.2833, 0.3167)(0.5000, 0.5000)(0.6167, 0.3333) \\ (0.4167, 0.4833)(0.2333, 0.6000)(0.3167, 0.5333)(0.3333, 0.6167)(0.5000, 0.5000) \end{bmatrix}.$$

(ii) 构建 L-NID 矩阵 $\boldsymbol{R}^l$ 和 R-NID 矩阵 $\boldsymbol{R}^r$, 如下所示:

$$\boldsymbol{R}^l = (\tilde{r}_{ij}^l)_{5\times 5}$$
$$= \begin{bmatrix} (0.5000, 0.5000)(0.3500, 0.4000)(0.3000, 0.5500)(0.3500, 0.5500)(0.3500, 0.5000) \\ (0.1500, 0.7500)(0.5000, 0.5000)(0.2500, 0.5500)(0.3000, 0.6000)(0.5000, 0.3500) \\ (0.3000, 0.4500)(0.3500, 0.4000)(0.5000, 0.5000)(0.2500, 0.4000)(0.4500, 0.4000) \\ (0.2000, 0.6000)(0.3000, 0.5500)(0.2000, 0.4000)(0.5000, 0.5000)(0.6000, 0.3500) \\ (0.3000, 0.5500)(0.1000, 0.7000)(0.2000, 0.6000)(0.3000, 0.6500)(0.5000, 0.5000) \end{bmatrix},$$

$$\boldsymbol{R}^r = (\tilde{r}_{ij}^r)_{5\times 5}$$
$$= \begin{bmatrix} (0.5000, 0.5000)(0.7500, 0.1500)(0.4500, 0.3000)(0.6000, 0.2000)(0.5500, 0.3000) \\ (0.4000, 0.3500)(0.5000, 0.5000)(0.4000, 0.3500)(0.5500, 0.3000)(0.7000, 0.1000) \\ (0.5500, 0.3000)(0.5500, 0.2500)(0.5000, 0.5000)(0.4000, 0.2000)(0.6000, 0.2000) \\ (0.5500, 0.3500)(0.6000, 0.3000)(0.4000, 0.2500)(0.5000, 0.5000)(0.6500, 0.3000) \\ (0.5000, 0.3500)(0.3500, 0.5000)(0.4000, 0.4500)(0.3500, 0.6000)(0.5000, 0.5000) \end{bmatrix}.$$

(iii) 分别计算直觉模糊偏好关系 $\boldsymbol{R}^k(k=1,2,3)$ 与 $\boldsymbol{R}^*$, $\boldsymbol{R}^l$ 和 $\boldsymbol{R}^r$ 的汉明距离, 结果如下:

$$d(\boldsymbol{R}^1, \boldsymbol{R}^*) = 0.075, \quad d(\boldsymbol{R}^1, \boldsymbol{R}^l) = 0.122, \quad d(\boldsymbol{R}^1, \boldsymbol{R}^r) = 0.120,$$
$$d(\boldsymbol{R}^2, \boldsymbol{R}^*) = 0.099, \quad d(\boldsymbol{R}^2, \boldsymbol{R}^l) = 0.104, \quad d(\boldsymbol{R}^2, \boldsymbol{R}^r) = 0.104,$$
$$d(\boldsymbol{R}^3, \boldsymbol{R}^*) = 0.092, \quad d(\boldsymbol{R}^3, \boldsymbol{R}^l) = 0.098, \quad d(\boldsymbol{R}^3, \boldsymbol{R}^r) = 0.098.$$

(iv) 计算各专家相对于理想解的贴近度, 分别为

$$c_1 = 0.7657, \quad c_2 = 0.6783, \quad c_3 = 0.6806.$$

(v) 规范化贴近度进而得到专家 e_k 的权重, 分别为

$$\lambda_1 = 0.3604, \quad \lambda_2 = 0.3193, \quad \lambda_3 = 0.3203.$$

步骤 2 通过式 (2.8) 集结个体专家的直觉模糊偏好关系 $\boldsymbol{R}^k(k=1,2,3)$, 得到群体直觉模糊偏好关系 $\boldsymbol{R}$, 如下所示:

$$\boldsymbol{R}=(\tilde{r}_{ij})_{5\times 5}$$
$$=\begin{bmatrix}(0.5000,0.5000)(0.5863,0.2839)(0.3860,0.3981)(0.5202,0.3438)(0.4859,0.4181)\\(0.2839,0.5863)(0.5000,0.5000)(0.3161,0.4380)(0.4341,0.3958)(0.6001,0.2380)\\(0.3981,0.3860)(0.4380,0.3161)(0.5000,0.5000)(0.3159,0.2821)(0.5341,0.3200)\\(0.3438,0.5202)(0.3958,0.4341)(0.2821,0.3159)(0.5000,0.5000)(0.6160,0.3320)\\(0.4181,0.4859)(0.2380,0.6001)(0.3200,0.5341)(0.3320,0.6160)(0.5000,0.5000)\end{bmatrix}.$$

步骤 3 和步骤 4 确定方案的优先级权重向量.

(1) 乐观方法.

如果专家是乐观的, 通过式 (5.10) 建立相应的线性规划模型:

$$\max\{\alpha-\beta\}$$
$$\text{s.t.}\begin{cases}w_1-w_2\leqslant 2\times 0.5863-1+(1-\alpha)p_1;w_2-w_1\leqslant 1-2\times 0.2839+(1-\alpha)p_2;\\w_1-w_3\leqslant 2\times 0.3860-1+(1-\alpha)p_3;w_3-w_1\leqslant 1-2\times 0.3981+(1-\alpha)p_4;\\w_1-w_4\leqslant 2\times 0.5202-1+(1-\alpha)p_5;w_4-w_1\leqslant 1-2\times 0.3438+(1-\alpha)p_6;\\w_1-w_5\leqslant 2\times 0.4859-1+(1-\alpha)p_7;w_5-w_1\leqslant 1-2\times 0.4181+(1-\alpha)p_8;\\w_2-w_3\leqslant 2\times 0.3161-1+(1-\alpha)p_9;w_3-w_2\leqslant 1-2\times 0.4380+(1-\alpha)p_{10};\\w_2-w_4\leqslant 2\times 0.4341-1+(1-\alpha)p_{11};w_4-w_2\leqslant 1-2\times 0.3958+(1-\alpha)p_{12};\\w_2-w_5\leqslant 2\times 0.6001-1+(1-\alpha)p_{13};w_5-w_2\leqslant 1-2\times 0.2380+(1-\alpha)p_{14};\\w_3-w_4\leqslant 2\times 0.3159-1+(1-\alpha)p_{15};w_4-w_3\leqslant 1-2\times 0.2821+(1-\alpha)p_{16};\\w_3-w_5\leqslant 2\times 0.5341-1+(1-\alpha)p_{17};w_5-w_3\leqslant 1-2\times 0.3200+(1-\alpha)p_{18};\\w_4-w_5\leqslant 2\times 0.6160-1+(1-\alpha)p_{19};w_5-w_4\leqslant 1-2\times 0.3320+(1-\alpha)p_{20};\\w_1-w_2\leqslant 2\times 0.5863-1+\beta(p_1+q_1);w_2-w_1\leqslant 1-2\times 0.2839+\beta(p_2+q_2);\\w_1-w_3\leqslant 2\times 0.3860-1+\beta(p_3+q_3);w_3-w_1\leqslant 1-2\times 0.3981+\beta(p_4+q_4);\\w_1-w_4\leqslant 2\times 0.5202-1+\beta(p_5+q_5);w_4-w_1\leqslant 1-2\times 0.3438+\beta(p_6+q_6);\\w_1-w_5\leqslant 2\times 0.4859-1+\beta(p_7+q_7);w_5-w_1\leqslant 1-2\times 0.4181+\beta(p_8+q_8);\\w_2-w_3\leqslant 2\times 0.3161-1+\beta(p_9+q_9);w_3-w_2\leqslant 1-2\times 0.4380+\beta(p_{10}+q_{10});\\w_2-w_4\leqslant 2\times 0.4341-1+\beta(p_{11}+q_{11});w_4-w_2\leqslant 1-2\times 0.3958+\beta(p_{13}+q_{13});\\w_2-w_5\leqslant 2\times 0.6001-1+\beta(p_{13}+q_{13});w_5-w_2\leqslant 1-2\times 0.2380+\beta(p_{15}+q_{15});\\w_3-w_4\leqslant 2\times 0.3159-1+\beta(p_{15}+q_{15});w_4-w_3\leqslant 1-2\times 0.2821+\beta(p_{17}+q_{17});\\w_3-w_5\leqslant 2\times 0.5341-1+\beta(p_{17}+q_{17});w_5-w_3\leqslant 1-2\times 0.3200+\beta(p_{19}+q_{19});\\w_4-w_5\leqslant 2\times 0.6160-1+\beta(p_{19}+q_{19});w_5-w_4\leqslant 1-2\times 0.3320+\beta(p_{20}+q_{20});\\0\leqslant\alpha,\beta\leqslant 1,\alpha+\beta\leqslant 1,\alpha\geqslant\beta;\sum_{i=1}^{5}w_i=1;w_i\geqslant 0,i=1,2,\cdots,5.\end{cases}$$

令参数 $\theta_t=1$, $\delta_t=1(t=1,2,\cdots,20)$. 通过 Lingo 软件求解上述线性规划,

得到最优解为 $\eta = 0.7916$, ϑ=0.1042, w_1=0.0746, w_2=0, w_3=0.1594, w_4=0.3192, w_5=0.4468.

因此, 方案的排序为 $x_5 \succ x_4 \succ x_3 \succ x_1 \succ x_2$. 该汽车有限公司以最大接受度 η=0.7916 和最小拒绝度 ϑ=0.1042 选择方案 x_5.

(2) 悲观方法.

如果专家是悲观的, 通过式 (5.12) 建立相应的线性规划模型:

$$\max\{\alpha-\beta\}$$

$$\text{s.t.}\begin{cases}
w_1-w_2\leqslant 2\times 0.5863-1+(1-\alpha)p_1; w_2-w_1\leqslant 1-2\times 0.2839+(1-\alpha)p_2;\\
w_1-w_3\leqslant 2\times 0.3860-1+(1-\alpha)p_3; w_3-w_1\leqslant 1-2\times 0.3981+(1-\alpha)p_4;\\
w_1-w_4\leqslant 2\times 0.5202-1+(1-\alpha)p_5; w_4-w_1\leqslant 1-2\times 0.3438+(1-\alpha)p_6;\\
w_1-w_5\leqslant 2\times 0.4859-1+(1-\alpha)p_7; w_5-w_1\leqslant 1-2\times 0.4181+(1-\alpha)p_8;\\
w_2-w_3\leqslant 2\times 0.3161-1+(1-\alpha)p_9; w_3-w_2\leqslant 1-2\times 0.4380+(1-\alpha)p_{10};\\
w_2-w_4\leqslant 2\times 0.4341-1+(1-\alpha)p_{11}; w_4-w_2\leqslant 1-2\times 0.3958+(1-\alpha)p_{12};\\
w_2-w_5\leqslant 2\times 0.6001-1+(1-\alpha)p_{13}; w_5-w_2\leqslant 1-2\times 0.2380+(1-\alpha)p_{14};\\
w_3-w_4\leqslant 2\times 0.3159-1+(1-\alpha)p_{15}; w_4-w_3\leqslant 1-2\times 0.2821+(1-\alpha)p_{16};\\
w_3-w_5\leqslant 2\times 0.5341-1+(1-\alpha)p_{17}; w_5-w_3\leqslant 1-2\times 0.3200+(1-\alpha)p_{18};\\
w_4-w_5\leqslant 2\times 0.6160-1+(1-\alpha)p_{19}; w_5-w_4\leqslant 1-2\times 0.3320+(1-\alpha)p_{20};\\
w_1-w_2\leqslant 2\times 0.5863-1+p_1-(1-\beta)r_1; w_2-w_1\leqslant 1-2\times 0.2839+p_2-(1-\beta)r_2;\\
w_1-w_3\leqslant 2\times 0.3860-1+p_3-(1-\beta)r_3; w_3-w_1\leqslant 1-2\times 0.3981+p_4-(1-\beta)r_4;\\
w_1-w_4\leqslant 2\times 0.5202-1+p_5-(1-\beta)r_5; w_4-w_1\leqslant 1-2\times 0.3438+p_6-(1-\beta)r_6;\\
w_1-w_5\leqslant 2\times 0.4859-1+p_7-(1-\beta)r_7; w_5-w_1\leqslant 1-2\times 0.4181+p_8-(1-\beta)r_8;\\
w_2-w_3\leqslant 2\times 0.3161-1+p_9-(1-\beta)r_9;\\
w_3-w_2\leqslant 1-2\times 0.4380+p_{10}-(1-\beta)r_{10};\\
w_2-w_4\leqslant 2\times 0.4341-1+p_{11}-(1-\beta)r_{11};\\
w_4-w_2\leqslant 1-2\times 0.3958+p_{12}-(1-\beta)r_{12};\\
w_2-w_5\leqslant 2\times 0.6001-1+p_{13}-(1-\beta)r_{13};\\
w_5-w_2\leqslant 1-2\times 0.2380+p_{14}-(1-\beta)r_{14};\\
w_3-w_4\leqslant 2\times 0.3159-1+p_{15}-(1-\beta)r_{15};\\
w_4-w_3\leqslant 1-2\times 0.2821+p_{16}-(1-\beta)r_{16};\\
w_3-w_5\leqslant 2\times 0.5341-1+p_{17}-(1-\beta)r_{17};\\
w_5-w_3\leqslant 1-2\times 0.3200+p_{18}-(1-\beta)r_{18};\\
w_4-w_5\leqslant 2\times 0.6160-1+p_{19}-(1-\beta)r_{19};\\
w_5-w_4\leqslant 1-2\times 0.3320+p_{20}-(1-\beta)r_{20};\\
0\leqslant\alpha,\beta\leqslant 1,\alpha+\beta\leqslant 1,\alpha\geqslant\beta;\sum_{i=1}^{5}w_i=1; w_i\geqslant 0, i=1,2,\cdots,5.
\end{cases}$$

令参数 $\theta_t = 3$, $\varsigma_t = 1(t = 1,2,\cdots,10)$, $\theta_t = 9$, $\varsigma_t = 7(t = 11,12,\cdots,20)$. 通过 Lingo 软件求解上述线性规划模型, 得到最优解为 $\eta = 0.9594$, $\vartheta = 0$, $w_1 = 0.0038$,

$w_2 = 0.0708, w_3 = 0.3167, w_4 = 0.3192, w_5 = 0.2895.$

因此, 方案的排序为 $x_4 \succ x_3 \succ x_5 \succ x_2 \succ x_1$. 该汽车有限公司以最大接受度 $\eta = 0.9594$ 和最小拒绝度 $\vartheta = 0$ 选择方案 x_4.

(3) 混合方法.

如果专家是中立的, 通过式 (5.14) 建立相应的线性规划模型:

$$
\max\{\alpha-\beta\}
$$

$$
\text{s.t.}\begin{cases}
w_1-w_2 \leqslant 2\times 0.5863-1+(1-\alpha)p_1; w_2-w_1 \leqslant 1-2\times 0.2839+(1-\alpha)p_2;\\
w_1-w_3 \leqslant 2\times 0.3860-1+(1-\alpha)p_3; w_3-w_1 \leqslant 1-2\times 0.3981+(1-\alpha)p_4;\\
w_1-w_4 \leqslant 2\times 0.5202-1+(1-\alpha)p_5; w_4-w_1 \leqslant 1-2\times 0.3438+(1-\alpha)p_6;\\
w_1-w_5 \leqslant 2\times 0.4859-1+(1-\alpha)p_7; w_5-w_1 \leqslant 1-2\times 0.4181+(1-\alpha)p_8;\\
w_2-w_3 \leqslant 2\times 0.3161-1+(1-\alpha)p_9; w_3-w_2 \leqslant 1-2\times 0.4380+(1-\alpha)p_{10};\\
w_2-w_4 \leqslant 2\times 0.4341-1+(1-\alpha)p_{11}; w_4-w_2 \leqslant 1-2\times 0.3958+(1-\alpha)p_{12};\\
w_2-w_5 \leqslant 2\times 0.6001-1+(1-\alpha)p_{13}; w_5-w_2 \leqslant 1-2\times 0.2380+(1-\alpha)p_{14};\\
w_3-w_4 \leqslant 2\times 0.3159-1+(1-\alpha)p_{15}; w_4-w_3 \leqslant 1-2\times 0.2821+(1-\alpha)p_{16};\\
w_3-w_5 \leqslant 2\times 0.5341-1+(1-\alpha)p_{17}; w_5-w_3 \leqslant 1-2\times 0.3200+(1-\alpha)p_{18};\\
w_4-w_5 \leqslant 2\times 0.6160-1+(1-\alpha)p_{19}; w_5-w_4 \leqslant 1-2\times 0.3320+(1-\alpha)p_{20};\\
w_1-w_2 \leqslant 2\times 0.5863-1+p_1+s_1-(1-\beta)\omega_1;\\
w_2-w_1 \leqslant 1-2\times 0.2839+p_2+s_2-(1-\beta)\omega_2;\\
w_1-w_3 \leqslant 2\times 0.3860-1+p_3+s_3-(1-\beta)\omega_3;\\
w_3-w_1 \leqslant 1-2\times 0.3981+p_4+s_4-(1-\beta)\omega_4;\\
w_1-w_4 \leqslant 2\times 0.5202-1+p_5+s_5-(1-\beta)\omega_5;\\
w_4-w_1 \leqslant 1-2\times 0.3438+p_6+s_6-(1-\beta)\omega_6;\\
w_1-w_5 \leqslant 2\times 0.4859-1+p_7+s_7-(1-\beta)\omega_7;\\
w_5-w_1 \leqslant 1-2\times 0.4181+p_8+s_8-(1-\beta)\omega_8;\\
w_2-w_3 \leqslant 2\times 0.3161-1+p_9+s_9-(1-\beta)\omega_9;\\
w_3-w_2 \leqslant 1-2\times 0.4380+p_{10}+s_{10}-(1-\beta)\omega_{10};\\
w_2-w_4 \leqslant 2\times 0.4341-1+p_{11}+s_{11}-(1-\beta)\omega_{11};\\
w_4-w_2 \leqslant 1-2\times 0.3958+p_{12}+s_{12}-(1-\beta)\omega_{12};\\
w_2-w_5 \leqslant 2\times 0.6001-1+p_{13}+s_{13}-(1-\beta)\omega_{13};\\
w_5-w_2 \leqslant 1-2\times 0.2380+p_{14}+s_{14}-(1-\beta)\omega_{14};\\
w_3-w_4 \leqslant 2\times 0.3159-1+p_{15}+s_{15}-(1-\beta)\omega_{15};\\
w_4-w_3 \leqslant 1-2\times 0.2821+p_{16}+s_{16}-(1-\beta)\omega_{16};\\
w_3-w_5 \leqslant 2\times 0.5341-1+p_{17}+s_{17}-(1-\beta)\omega_{17};\\
w_5-w_3 \leqslant 1-2\times 0.3200+p_{18}+s_{18}-(1-\beta)\omega_{18};\\
w_4-w_5 \leqslant 2\times 0.6160-1+p_{19}+s_{19}-(1-\beta)\omega_{19};\\
w_5-w_4 \leqslant 1-2\times 0.3320+p_{20}+s_{20}-(1-\beta)\omega_{20};\\
0 \leqslant \alpha,\beta \leqslant 1, \alpha+\beta \leqslant 1, \alpha \geqslant \beta; \sum_{i=1}^{5} w_i = 1; w_i \geqslant 0, i=1,2,\cdots,5.
\end{cases}
$$

令参数 $\theta_t=3(t=1,2,\cdots,10)$, θ_t=10$(t=11,12,\cdots,20)$, α_k=1, β_k=1.5$(t=1,2,\cdots,20)$. 利用 Lingo 软件求解上述线性规划模型, 得到最优解为 $\eta=0.9593$, ϑ=0, w_1=0, w_2=0.0798, w_3=0.3257, w_4=0.3088, w_5=0.2857.

因此, 方案的排序为 $x_3\succ x_4\succ x_5\succ x_2\succ x_1$. 该汽车有限公司以最大接受度 η=0.9593 和最小拒绝度 ϑ=0 选择方案 x_3.

不同方法下的计算结果和方案排序用表 5.1 表示.

表 5.1 不同方法下的计算结果和方案排序

	η	ϑ	$\boldsymbol{w}$	方案排序	最优方案
乐观	0.7916	0.1042	(0.0746,0,0.1594,0.3192,0.4468)	$x_5\succ x_4\succ x_3\succ x_1\succ x_2$	x_5
悲观	0.9594	0	(0.0038,0.0708,0.3167,0.3192,0.2895)	$x_4\succ x_3\succ x_5\succ x_2\succ x_1$	x_4
混合	0.9593	0	(0,0.0798,0.3257,0.3088,0.2857)	$x_3\succ x_4\succ x_5\succ x_2\succ x_1$	x_3

从表 5.1 中可以看出, 不同的方法得到的排序结果也不相同. 专家可根据自己的风险偏好选择不同的线性规划模型, 导出方案的优先级权重, 从而给出方案的排序. 上述案例分析表明了本章所提出方法的灵活性和有效性.

5.6.3 参数的灵敏度分析

为了说明本章所提方法中参数的重要性, 我们根据参数值的变化对参数进行了灵敏度分析. 考虑到线性规划模型中参数较多, 在乐观方法中以 θ_3 为例, 悲观方法中以 θ_4 为例, 混合方法中以 θ_2 为例, 在其他参数不变的情况下, 分别对这些参数进行灵敏度分析. 得到的优先级权重分别描绘在图 5.4、图 5.5 和图 5.6 中.

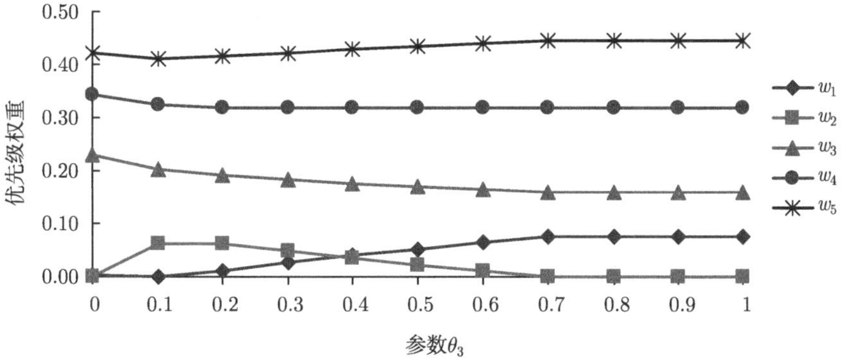

图 5.4 乐观方法中参数 θ_3 取不同值时的方案优先级权重

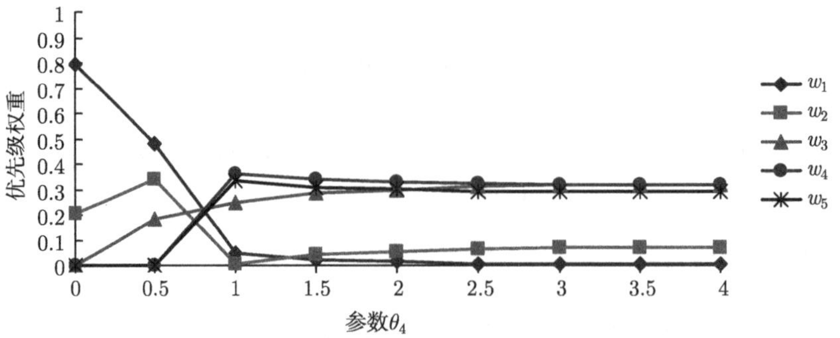

图 5.5　悲观方法中参数 θ_4 取不同值时的方案优先级权重

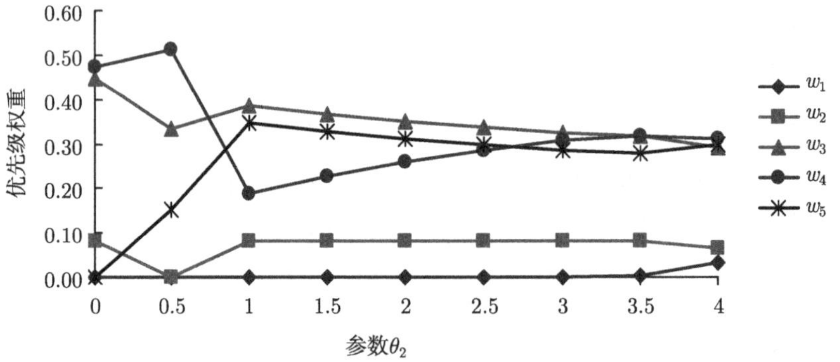

图 5.6　混合方法中参数 θ_2 取不同值时的方案优先级权重

从图 5.4 中可以发现, 乐观方法中参数 θ_3 取不同值时, 方案排序也不同. 当 $\theta_3 \in [0,1]$ 时, w_3, w_4 和 w_5 没有巨大的波动. 然而, 当 $\theta_3 \in (0,0.4)$ 时, w_2 比 w_1 大; 而当 $\theta_3 \in (0.4,1)$ 时, w_1 比 w_2 大.

图 5.5 说明了悲观方法中当参数 θ_4 取不同值时, 最优方案不同. 特别地, 当 $\theta_4 \in (0,1)$ 时, 优先级权重的值变化较大; 当 $\theta_4 \in (1,4)$ 时, 所有的优先级权重的值变化较缓.

图 5.6 说明了混合方法中参数 θ_2 取不同值时, 方案的排序结果也不同. 当 $\theta_2 \in (0,1)$ 时, 优先级权重的值变化较大; 而当 $\theta_2 \in (0,4)$ 时, w_1 和 w_2 几乎没有变化, w_4 逐渐上升, 而 w_3 和 w_5 缓慢下降.

5.6.4　与现有方法的比较

接下来, 我们对本章所提出的方法和文献 [90] 的方法进行比较. Xu[90] 提出了一个线性规划模型用于从直觉模糊偏好关系中求出优先级权重. 我们使用 Xu[90] 的方法求解上述物流外包服务商选择问题. 由于 Xu[90] 仅仅考虑了包含单个专家的单人决策问题, 我们直接用群体直觉模糊偏好关系 $\boldsymbol{R} = (\tilde{r}_{ij})_{5\times5}$ 作为单个专家的评估信息进行求解, 得到方案的排序为 $x_3 \succ x_1 \succ x_4 \succ x_2 \succ x_5$, 最优方案为 x_3, 这仅仅与本章所提混合方法中得到的最优方案是一致的.

与文献 [90] 的方法相比, 本章所提出的方法具有以下的优点:

(1) Xu[90] 仅仅考虑了单人决策问题, 然而本章研究的是群决策问题. 随着决策问题变得越来越复杂, 单个专家很难对决策问题进行合理的评价. 因此, 本章所提的方法不仅能解决复杂的群决策问题, 而且对单人决策问题也同样有效.

(2) 本章所提的直觉模糊规划方法同时考虑了模糊不等式约束的接受度和拒绝度, 由此得到的方案排序更能反映专家评判信息的模糊性和犹豫性. 然而文献 [90] 的方法并没有反映这些重要信息.

(3) 假设待评估方案有 n 个, 文献 [90] 的方法需要求解 $2n+1$ 个线性规划模型, 而本章所提的方法仅需要求解一个线性规划模型. 因此, 本章所提的方法相对于文献 [90] 的方法更省时也更有效.

5.7 本章小结

本章同时考虑直觉模糊偏好关系的一致性和群体一致性, 提出了基于直觉模糊偏好关系的群决策方法. 在该方法中, 专家的权重通过基于 TOPSIS 的方法确定, 方案的优先级排序权重通过建立直觉模糊数学规划模型导出. 某汽车有限公司物流外包服务商选择实例的分析说明了此方法的优越性.

本章方法与第 4 章所提出的考虑群体一致性的直觉模糊偏好关系的群决策方法相比, 不同之处如下:

(1) 两种方法的适用情况.

第 4 章的群决策方法仅考虑了群体的一致性, 适用专家知识水平较高的情况, 此时专家能够给出合理的直觉模糊偏好关系. 第 5 章的群决策方法同时考虑了群体一致性和直觉模糊偏好关系的一致性, 针对专家很难给出合理的直觉模糊偏好关系, 适用专家知识水平较低的情况.

(2) 两种方法的侧重点.

第 4 章构建直觉模糊数学规划模型, 用于确定专家的权重, 而第 5 章构建直觉模糊数学规划模型, 用于导出方案的优先级权重. 第 4 章设计的基于非优势度和优势度的二阶段排序方法是用来给出方案的排序结果的, 而第 5 章用群体直觉模糊偏好关系导出的方案优先级权重对方案进行排序.

(3) 两种方法的方案排序.

第 4 章所提的群决策方法采用基于非优势度和优势度的二阶段排序方法, 只能得到方案的排序情况; 而第 5 章的群决策方法得到的是方案的优先级权重, 方案的优先级权重不但能够反映方案的排序情况, 同时还能够反映一方案优于另一方案的强度.

在实际应用中, 专家可以根据问题特征和对群决策结论的不同需求, 选择相应的决策方法. 尽管某汽车有限公司物流外包服务商选择实例说明了本章方法的可行性和有效性, 但是本章方法还可以用来解决更多的实际管理决策优化问题.

第 6 章 结论与展望

自 1986 年保加利亚学者 Atanassov 提出直觉模糊集以来, 关于直觉模糊集的理论研究和实际应用得到了长足的发展. 决策出现在生活的各个方面, 人们几乎每天都面临着决策. 将直觉模糊集应用于决策分析, 是当前决策分析学科的研究前沿与热点. 本书对直觉模糊偏好关系的群决策理论与方法进行了有益的探讨, 在直觉模糊值排序方法、直觉模糊偏好关系的加法一致性、群体一致性分析、群决策方法等方面取得了一定的研究成果.

6.1 全 书 总 结

RFID 作为一种有效的通信技术, 受到了越来越多企业的广泛关注. RFID 供应商根据行业发展和企业自身特点制订相应的 RFID 应用方案, 也就是 RFID 解决方案. 对于企业而言, 选择合适的 RFID 解决方案对于 RFID 技术的实施的成功起着决定性的作用. 同时, 为了在激烈的竞争中脱颖而出, 越来越多的企业开始选择物流外包作为其发展战略之一. 如何选择合适的物流外包服务商对于企业的发展也极其重要. 诸如这些问题均可以看成一类管理决策问题, 因此, 本书提出了基于直觉模糊偏好关系的群决策方法, 并将其应用在 RFID 解决方案选择和物流外包服务商选择问题中. 本书的主要结论如下.

(1) 基于 TOPSIS 法, 本书分别定义了直觉模糊值到正、负理想直觉模糊值的距离, 由此计算得到直觉模糊值的接近度. 根据直觉模糊值的几何表示, 定义了直觉模糊值的可信度. 结合直觉模糊值的接近度和可信度, 本书提出了直觉模糊值的字典序排序方法. 进一步考虑专家的风险态度, 本书提出一种基于风险态度的直觉模糊值排序方法. 针对直觉模糊多属性决策问题, 构建了分式规划模型确定属性权重, 利用直觉模糊加权平均算子集成, 得到方案的综合属性值. 基于考虑风险态度的直觉模糊值的排序测度, 得到方案的综合属性值的排序, 从而给出方案的排序, 据此提出了一种新的不完全权重信息的直觉模糊多属性决策方法. 某电商公司物流外包服务商选择实例说明了所提出方法的优越性.

(2) 在专家知识水平较高的情况下, 专家能够给出合理的直觉模糊偏好关系, 此时仅需要考虑专家群体的一致性. 本书提出了基于直觉模糊偏好关系的群决策方法. 通过对专家群体一致性的分析, 建立了直觉模糊数学规划模型用于求解专家权重. 充分考虑专家的风险态度, 我们提出了三种方法, 分别是乐观、悲观和混合方法, 用于求解所建立的直觉模糊数学规划模型. 为对方案进行排序, 我们定义了非优势度和优势度, 并提出了基于非优势度和优势度的二阶段排序方法. 某连锁超市 RFID 解决方案选择的实际案例说明了所提出方法的有效性.

(3) 在专家知识水平较低的情况下, 专家很难给出合理的直觉模糊偏好关系. 针对这种情况, 本书考虑群体的一致性和直觉模糊偏好关系的一致性, 提出了基于直觉模糊偏好关系的群决策方法. 在此方法中, 专家的权重通过基于 TOPSIS 的方法获得. 集成个体直觉模糊偏好关系得到群体直觉模糊偏好关系. 根据直觉模糊偏好关系的一致性定义, 建立直觉模糊数学规划模型, 并提出乐观、悲观和混合三种方法求解此模型, 用以导出群体直觉模糊偏好关系的优先级权重, 从而得到方案的优先级权重. 优先级权重不仅可以对方案进行排序, 也可以得到一方案优于另一方案的程度. 某汽车有限公司物流外包服务商选择实例分析说明了此方法的优越性.

6.2　不足与展望

直觉模糊集作为模糊集的拓展, 已经在社会、经济、生产、生活等方面得到了广泛的应用. 直觉模糊决策理论与方法是现代决策分析的主要分支和研究热点. 本书初步探讨了基于直觉模糊偏好关系的群决策理论与方法, 并通过 RFID 解决方案和物流外包服务商选择的实例应用分析, 验证了所提出的群决策方法的合理性和有效性. 尽管本书在直觉模糊偏好关系的群决策理论与方法方面取得了一定的研究成果, 但由于时间和精力的限制, 以及实际案例数据获取的局限性, 还存在以下几个方面的问题需要进一步完善和研究:

(1) 本书仅考虑了直觉模糊偏好关系的加法一致性, 而直觉模糊偏好关系的乘法一致性与加法一致性同等重要. 如何考虑直觉模糊偏好关系的乘法一致性, 发展基于直觉模糊偏好关系乘法一致性的群决策理论与方法, 也是非常有价值的科学问题, 值得将来进一步的研究.

(2) 相比直觉模糊集, 区间值直觉模糊集更能灵活地反映专家的意见. 但是, 由于区间值直觉模糊集的运算较为复杂, 如何提出合适的方法解决区间值直觉模糊偏好关系的群决策问题, 是我们下一步研究的重点.

随着国内外学者对直觉模糊理论研究的深入, 直觉模糊偏好关系的群决策方法不仅可以应用于 RFID 解决方案选择和物流外包服务商选择, 而且可以为决策者评价时存在犹豫不确定性等实际管理决策问题提供决策手段与技术支持, 例如, 可以应用于供应链管理、环境评估、人力资源选拔、科技成果创新性评估、军队武器系统评估、政府行业政策的制定与实施等现实管理决策问题. 我们相信不久的将来会涌现一大批直觉模糊集理论和应用的研究成果, 也期待直觉模糊决策理论与方法及其应用得到学术界和工程实务界更多的关注.

参考文献

[1] Zadeh L A. Fuzzy sets[J]. Information and Control, 1965, 8(3): 338-353.

[2] Atanassov K T. Intuitionistic fuzzy sets[J]. Fuzzy Sets and Systems, 1986, 20(1): 87-96.

[3] Wan S P, Wang F, Dong J Y. A novel risk attitudinal ranking method for intuitionistic fuzzy values and application to MADM[J]. Applied Soft Computing, 2016, 40: 98-112.

[4] Xu J, Wan S P, Dong J Y. Aggregating decision information into Atanassov's intuitionistic fuzzy numbers for heterogeneous multi-attribute group decision making[J]. Applied Soft Computing, 2016, 41: 331-351.

[5] Wan S P, Li D F. Atanassov's intuitionistic fuzzy programming method for heterogeneous multiattribute group decision making with Atanassov's intuitionistic fuzzy truth degrees[J]. IEEE Transactions on Fuzzy Systems, 2014, 22(2): 300-312.

[6] Wan S P, Yi Z H. Power average of trapezoidal intuitionistic fuzzy numbers using strict t-norms and t-conorms[J]. IEEE Transactions on Fuzzy Systems, 2015, 24(5): 1035-1047.

[7] Wan S P, Li D F. Fuzzy mathematical programming approach to heterogeneous multiattribute decision-making with interval-valued intuitionistic fuzzy truth degrees[J]. Information Sciences, 2015, 325: 484-503.

[8] Wan S P, Xu G L, Wang F, et al. A new method for Atanassov's interval-valued intuitionistic fuzzy MAGDM with incomplete attribute weight information[J]. Information Sciences, 2015, 316: 329-347.

[9] Wan S P, Li D F. Fuzzy LINMAP approach to heterogeneous MADM considering the comparisons of alternatives with hesitation degrees[J]. Omega, 2013, 41(6): 925-940.

[10] Wan S P, Xu G L, Wang F, et al. A new method for Atanassov's interval-valued intuitionistic fuzzy MAGDM with incomplete attribute weight information[J]. Information Sciences, 2015, 316: 329-347.

[11] Li D F, Wan S P. Fuzzy heterogeneous multiattribute decision making method for outsourcing provider selection[J]. Expert Systems With Applications, 2014, 41: 3047-3059.

[12] Wan S P, Dong J Y. Interval-valued intuitionistic fuzzy mathematical programming method for hybrid multi-criteria group decision making with interval-valued intuitionistic fuzzy truth degrees[J]. Information Fusion, 2015, 26: 49-65.

[13] Wan S P, Dong J Y. Power geometric operators of trapezoidal intuitionistic fuzzy numbers and application to multi-attribute group decision making[J]. Applied Soft Computing, 2015, 29: 153-168.

[14] Xu G L, Wan S P, Wang F, et al. Mathematical programming methods for consistency and consensus in group decision making with intuitionistic fuzzy preference relations[J]. Knowledge-Based Systems, 2016, 98(15): 30-43.

[15] Wan S P, Wang F, Lin L L, et al. An intuitionistic fuzzy linear programming method for logistics outsourcing provider selection[J]. Knowledge-Based Systems, 2015, 82: 80-94.

[16] Wan S P, Wang F, Dong J Y. A novel group decision making method with intuitionistic fuzzy preference relations for RFID technology selection[J]. Applied Soft Computing, 2016, 38: 405-422.

[17] Xu Z S. Intuitionistic preference relations and their application in group decision making[J]. Information Sciences, 2007, 177(11): 2363-2379.

[18] Xu Z S. Approaches to multiple attribute decision making with intuitionistic fuzzy preference information[J]. Systems Engineering-Theory & Practice, 2007, 27(11): 62-71.

[19] Gong Z W, Li L S, Forrest J, et al. The optimal priority models of the intuitionistic fuzzy preference relation and their application in selecting industries with higher meteorological sensitivity[J]. Expert Systems with Applications, 2011, 38(4): 4394-4402.

[20] Wang Z J. Derivation of intuitionistic fuzzy weights based on intuitionistic fuzzy preference relations[J]. Applied Mathematical Modelling, 2013, 37(9): 6377-6388.

[21] Gong Z W, Li L S, Zhou F X, et al. Goal programming approaches to obtain the priority vectors from the intuitionistic fuzzy preference relations[J]. Computers & Industrial Engineering, 2009, 57(4): 1187-1193.

[22] Xu Z S, Cai X Q, Szmidt E. Algorithms for estimating missing elements of incomplete intuitionistic preference relations[J]. International Journal of Intelligent Systems, 2011, 26(9): 787-813.

[23] Liao H C, Xu Z S. Priorities of intuitionistic fuzzy preference relation based on multiplicative consistency[J]. IEEE Transactions on Fuzzy Systems, 2014, 22(6): 1669-1681.

[24] Ness J, Hoffman C. Putting Sense into Consensus: Solving the Puzzle of Making Team Decisions[M]. Tacoma: VISTA Associates, 1998.

[25] Szmidt E, Kacprzyk J. A consensus-reaching process under intuitionistic fuzzy preference relations[J]. International Journal of Intelligent Systems, 2003, 18(7): 837-852.

[26] Szmidt E, Kacprzyk J. A new concept of a similarity measure for intuitionistic fuzzy sets and its use in group decision making[C]. Modeling Decisions for Artificial Intelligence. MDAI 2005. Lecture Notes in Computer Science. Berlin, Heidelberg: Springer, 2005: 272-282.

[27] Liao H C, Xu Z S. Multi-criteria decision making with intuitionistic fuzzy PROMETHEE [J]. Journal of Intelligent & Fuzzy Systems, 2014, 27: 1703-1717.

[28] Liao H C, Xu Z S, Zeng X J, et al. Framework of group decision making with intuitionistic fuzzy preference information[J]. IEEE Transactions on Fuzzy Systems, 2015, 23(4):

1211-1227.

[29] Xu Z S. An error-analysis-based method for the priority of an intuitionistic preference relation in decision making[J]. Knowledge-Based Systems, 2012, 33: 173-179.

[30] Xu Z S, Liao H C. Intuitionistic fuzzy analytic hierarchy process[J]. IEEE Transactions on Fuzzy Systems, 2014, 22(4): 749-761.

[31] Behret H. Group decision making with intuitionistic fuzzy preference relations[J]. Knowledge-Based Systems, 2014, 70: 33-43.

[32] Finkenzeller K. RFID Handbook: Radio-frequency Identification Fundamentals and Applications[M]. New York: Wiley, 1999.

[33] Huber N, Michael K. Vendor perceptions of how RFID can minimize product shrinkage in the retail supply chain[J]. Science of Sintering, 2007, 40(2): 117-122.

[34] Ngai E W T, Cheng T C E, Lai K, et al. Development of an RFID-based traceability system: Experiences and lessons learned from an aircraft engineering company[J]. Production and Operations Management, 2007, 16(5): 554-568.

[35] Tzeng S F, Chen W H, Pai F Y. Evaluating the business value of RFID: Evidence from five case studies[J]. International Journal of Production Economics, 2008, 112(2): 601-613.

[36] Lee I, Lee B C. An investment evaluation of supply chain RFID technologies: A normative modeling approach[J]. International Journal of Production Economics, 2010, 125(2): 313-323.

[37] Trappey A J C, Trappey C V, Wu C R. Genetic algorithm dynamic performance evaluation for RFID reverse logistic management[J]. Expert Systems with Applications, 2010, 37(11): 7329-7335.

[38] Ustundag A, Kilinç M S, Cevikcan E. Fuzzy rule-based system for the economic analysis of RFID investments[J]. Expert Systems with Applications, 2010, 37(7): 5300-5306.

[39] Sari K. Selection of RFID solution provider: A fuzzy multi-criteria decision model with Monte Carlo simulation[J]. Kybernetes, 2011, 42(3): 448-465.

[40] Qu X, Simpson L K T, Stanfield P. A model for quantifying the value of RFID-enabled equipment tracking in hospitals[J]. Advanced Engineering Informatics, 2011, 25(1): 23-31.

[41] Cebeci U, Kilinç S. Selecting RFID systems for glass industry by using fuzzy AHP approach[C]. RFID Eurasia, 2007 1st Annual. IEEE, 2007: 1-4.

[42] Lin L C. An integrated framework for the development of radio frequency identification technology in the logistics and supply chain management[J]. Computers & Industrial Engineering, 2009, 57(3): 832-842.

[43] Wang T C, Lee H D, Cheng P H. Applying fuzzy TOPSIS approach for evaluating RFID system suppliers in healthcare industry[C]. New Advances in Intelligent Decision Technologies. vol 199. Berlin, Heidelberg: Springer, 2009: 519-526.

[44] Lee Y C, Lee S S. The valuation of RFID investment using fuzzy real option[J]. Expert Systems with Applications, 2011, 38(10): 12195-12201.

[45] Sari K. Selection of RFID solution provider: A fuzzy multi-criteria decision model with Monte Carlo simulation[J]. Kybernetes, 2013, 42(3): 448-465.

[46] Chuu S J. An investment evaluation of supply chain RFID technologies: A group decision-making model with multiple information sources[J]. Knowledge-Based Systems, 2014, 66: 210-220.

[47] Williamson O E. Comparative economic organization: The analysis of discrete structural alternatives[J]. Administrative Science Quarterly, 1991, 36(2): 269-296.

[48] Rieple A, Helm C. Outsourcing for competitive advantage: An examination of seven legacy airlines[J]. Journal of Air Transport Management, 2008, 14(5): 280-285.

[49] Zhang A. Transaction governance structure: Theories, empirical studies, and instrument design[J]. International Journal of Commerce & Management, 2006, 16(2): 59-85.

[50] Gupta R, Sachdeva A, Bhardwaj A. A framework for selection of logistics outsourcing partner in uncertain environment using TOPSIS[J]. International Journal of Industrial & Systems Engineering, 2012, 12(2): 223-242.

[51] Zhang H, Zhang G, Zhou B. Research on Selection of the Third-Party Logistics Service Providers[C]. Integration and Innovation Orient to E-Society. vol 1. Boston: Springer, 2007: 211-221.

[52] Liu H T, Wang W K. An integrated fuzzy approach for provider evaluation and selection in third-party logistics[J]. Expert Systems with Applications, 2009, 36(3): 4387-4398.

[53] Chen Y M, Goan M, Huang P. Selection process in logistics outsourcing: A view from third party logistics provider[J]. Production Planning & Control, 2011, 22(3): 308-324.

[54] Ho W, He T, Lee C K M, et al. Strategic logistics outsourcing: An integrated QFD and fuzzy AHP approach[J]. Expert Systems with Applications An International Journal, 2012, 39(12): 10841-10850.

[55] Hsu C C, Liou J J H, Chuang Y C. Integrating DANP and modified grey relation theory for the selection of an outsourcing provider[J]. Expert Systems with Applications, 2013, 40(6): 2297-2304.

[56] Yang D H, Kim S, Nam C, et al. Developing a decision model for business process outsourcing[J]. Computers & Operations Research, 2007, 34(12): 3769-3778.

[57] Wang J J, Yang D L. Using a hybrid multi-criteria decision aid method for information systems outsourcing[J]. Computers & Operations Research, 2007, 34(12): 3691-3700.

[58] Jharkharia S, Shankar R. Selection of logistics service provider: An analytic network process (ANP) approach[J]. Omega, 2007, 35(3): 274-289.

[59] Hsu C C, Liou J J H. An outsourcing provider decision model for the airline industry[J]. Journal of Air Transport Management, 2013, 28(28): 40-46.

[60] Tjader Y, May J H, Shang J, et al. Firm-level outsourcing decision making: A balanced scorecard-based analytic network process model[J]. International Journal of Production Economics, 2014, 147(1): 614-623.

[61] Bottani E, Rizzi A. A fuzzy TOPSIS methodology to support outsourcing of logistics services[J]. Supply Chain Management, 2006, 11(4): 294-308.

[62] Yin J, Wang Z, Zhang B. A multi-stage optimization module for logistic outsourcing partner selection[C]. IEEE/informs International Conference on Service Operations, Logistics and Informatics. IEEE, 2009: 620-623.

[63] Işiklar G, Alptekin E, Büyüközkan G. Application of a hybrid intelligent decision support model in logistics outsourcing[J]. Computers & Operations Research, 2007, 34: 3701-3714.

[64] Liu H T, Wang W K. An integrated fuzzy approach for provider evaluation and selection in third-party logistics[J]. Expert Systems with Applications, 2009, 36(3): 4387-4398.

[65] Kannan D, Khodaverdi R, Olfat L, et al. Integrated fuzzy multi criteria decision making method and multi-objective programming approach for supplier selection and order allocation in a green supply chain[J]. Journal of Cleaner Production, 2013, 47(9): 355-367.

[66] Li D F, Wan S P. Fuzzy heterogeneous multiattribute decision making method for outsourcing provider selection[J]. Expert Systems with Applications, 2014, 41(6): 3047-3059.

[67] Samantra C, Datta S, Mahapatra S S. Risk assessment in IT outsourcing using fuzzy decision-making approach: An Indian perspective[J]. Expert Systems with Applications, 2014, 41(8): 4010-4022.

[68] Demond S, Min H, Joo S. Evaluating the comparative managerial efficiency of leading third party logistics providers in North America[J]. Benchmarking, 2013, 20(1): 62-78.

[69] Li D F, Wan S P. A fuzzy inhomogenous multiattribute group decision making approach to solve outsourcing provider selection problems[J]. Knowledge-Based Systems, 2014, 67(3): 71-89.

[70] 洪亮. 第三方物流与 VMI 集成化运作模式研究 [D]. 武汉: 华中科技大学, 2007.

[71] 邓必年. 基于精益供应链的物流外包供应商的选择研究 [D]. 武汉: 武汉科技大学, 2009.

[72] Hilletofth P, Hilmola O. Role of logistics outsourcing on supply chain strategy and management[J]. Strategic Outsourcing An International Journal, 2010, 3(1): 46-61.

[73] Szmidt E, Kacprzyk J. Distances between intuitionistic fuzzy sets[J]. Fuzzy Sets and Systems, 2000, 114(3) : 505-518.

[74] Xu Z S, Yager R R. Intuitionistic and interval-valued intutionistic fuzzy preference relations and their measures of similarity for the evaluation of agreement within a group[J]. Fuzzy Optimization and Decision Making, 2009, 8(2): 123-139.

[75] Xu Z S, Cai X Q. Group consensus algorithms based on preference relations[J]. Information Sciences, 2011, 181: 150-162.

[76] Atanassov K. Intuitionistic Fuzzy Sets: Theory and Applications. Heidelberg: Springer, 1999.

[77] Chen S M, Tan J M. Handling multi-criteria fuzzy decision making problems based on vague set theory[J]. Fuzzy Sets and Systems, 1994, 67: 163-172.

[78] Hong D H, Choi C H. Multi-criteria fuzzy decision-making problems based on vague set theory[J]. Fuzzy Sets and Systems, 2000, 114: 103-113.

[79] Xu Z S. Intuitionistic fuzzy aggregation operators[J]. IEEE Transactions on Fuzzy Systems, 2007, 15: 1179-1187.

[80] Szmidt E, Kacprzyk J. Amount of information and its reliability in the ranking of Atanassov's intuitionistic fuzzy alternatives[C]. Recent Advances in Decision Making. Berlin, Heidelberg: Springer, 2009: 7-19.

[81] Guo K H. Amount of information and attitudinal-based method for ranking Atanassov's intuitionistic fuzzy values[J]. IEEE Transactions on Fuzzy Systems, 2014, 22: 177-188.

[82] Szmidt E, Kacprzyk J, Bujnowski P. How to measure the amount of knowledge conveyed by Atanassov's intuitionistic fuzzy sets[J]. Information Sciences, 2014, 257: 276-285.

[83] Yager R R. OWA aggregation over a continuous interval argument with application to decision making[J]. IEEE Transactions on Systems, Man, and Cybernetics Part B, 2004, 34: 1952-1963.

[84] Dubey D, Chandra S, Mehra A. Fuzzy linear programming under interval uncertainty based on IFS representation[J]. Fuzzy Sets and Systems, 2012, 188: 68-87.

[85] Bellman R E, Zadeh L A. Decision making in fuzzy environment[J]. Management Science, 1970, 17: 141-164.

[86] Zeng S Z, Su W H, Sun L R. A method based on similarity measures for interactive group decision-making with intuitionistic fuzzy preference relations[J]. Applied Mathematical Modelling, 2013, 37(10): 6909-6917.

[87] Yue Z L. An avoiding information loss approach to group decision making[J]. Applied Mathematical Modelling, 2013, 37: 112-126.

[88] Mikhailov L. Fuzzy analytical approach to partnership selection in formation of virtual enterprises[J]. Omega, 2002, 30: 393-401.

[89] Zhu B, Xu Z S. A fuzzy linear programming method for group decision making with additive reciprocal fuzzy preference relations[J]. Fuzzy Sets and Systems, 2014, 246: 19-33.

[90] Xu Z S. A method for estimating criteria weights from intuitionistic preference relations[J]. Fuzzy Information and Engineering, 2009, 1(1): 79-89.

[91] Li D F. Closeness coefficient based nonlinear programming method for interval-valued

intuitionistic fuzzy multiattribute decision making with incomplete preference information[J]. Applied Soft Computing, 2011, 11(4): 3402-3418.

[92] Zhang X, Xu Z, Wang H. Heterogeneous multiple criteria group decision making with incomplete weight information: A deviation modeling approach[J]. Information Fusion, 2015, 25: 49-62.

[93] Chen L H, Hung C C, Tu C C. Considering the decision maker's attitudinal character to solve multi-criteria decision-making problems in an intuitionistic fuzzy environment[J]. Knowledge-Based Systems, 2012, 36(36): 129-138.

[94] Wei G W. GRA method for multiple attribute decision making with incomplete weight information in intuitionistic fuzzy setting[J]. Knowledge-Based Systems, 2010, 23(3): 243-247.

[95] 李登峰. 模糊多目标多人决策与对策 [M]. 北京: 国防工业出版社, 2003.

[96] Xu Z. On compatibility of interval fuzzy preference relations[J]. Fuzzy Optimization & Decision Making, 2004, 3(3): 217-225.

[97] Saaty T L. The Analytic Hierarchy Process[M]. New York: McGraw-Hill, 1980.

[98] Orlovsky S A. Decision-making with a fuzzy preference relation[J]. Fuzzy Sets and Systems, 1978, 1(3): 155-167.

[99] Xu Z S, Da Q L. An approach to improving consistency of fuzzy preference matrix[J]. Fuzzy Optimization and Decision Making, 2003, 2(1): 3-12.

[100] Genç S, Boran F E, Akay D, Xu Z. Interval multiplicative transitivity for consistency, missing values and priority weights of interval fuzzy preference relations[J]. Information Sciences, 2010, 180(24): 4877-4891.

[101] Xu Z S, Chen J. Some models for deriving the priority weights from interval fuzzy preference relations[J]. European Journal of Operational Research, 2008, 184(1): 266-280.

[102] Wang Y M, Elhag T M S. A goal programming method for obtaining interval weights from an interval comparison matrix[J]. European Journal of Operational Research, 2007, 177(1): 458-471.

[103] Wang Y M, Yang J B, Xu D L. A two-stage logarithmic goal programming method for generating weights from interval comparison matrices[J]. Fuzzy Sets And Systems, 2005, 152(3): 475-498.

[104] Herrera F, Herrera-Viedma E. A model of consensus in group decision making under linguistic assessments[J]. Fuzzy Sets and Systems, 1996, 78(1): 73-87.

[105] Kacprzyk J, Fedrizzi M. "Soft" consensus measures for monitoring real consensus reaching processes under fuzzy preferences[J]. Control and Cybernetics, 1986, 15(3-4): 309-323.

[106] Kacprzyk J, Fedrizzi M. A soft measure of consensus in the setting of partial (fuzzy) preferences[J]. European Journal of Operational Research, 1988, 34: 316-325.

[107] Kacprzyk J, Fedrizzi M. A 'human-consistent' degree of consensus based on fuzzy logic with linguistic quantifiers[J]. Mathematical Social Sciences, 1989, 18(3): 275-290.

[108] Herrera-Viedma E, Cabrerizo F J, Kacprzyk J, Pedrycz W. A reviewof soft consensus models in a fuzzy environment[J]. Information Fusion, 2014, 17: 4-13.

[109] Cabrerizo F J, Chiclana F, Al-Hmouz R, et al. Fuzzy decision making and consensus: Challenges[J]. Journal of Intelligent & Fuzzy Systems, 2015, 29: 1109-1118.

[110] Palomares I, Estrella F J, Martínez L, et al. Consensus under a fuzzy context: Taxonomy, analysis framework AFRYCA and experimental case of study[J]. Information Fusion, 2014, 20: 252-271.

[111] Zadrozny S. An approach to the consensus reaching support in fuzzy environment[M]// Kacprzyk J, Nurmi H, Fedrizzi M, eds. Consensus under fuzziness, International Series in Intelligent Technologies. vol 10. Boston, MA: Springer, 1997: 83-109.

[112] Chiclana F, Tapia Garcia J M, Del Moral M J, et al. A statistical comparative study of different similarity measures of consensus in group decision making[J]. Information Sciences, 2013, 221: 110-123.

[113] Herrera-Viedma E, Martinez L, Mata F, et al. A consensus support system model for group decision-making problems with multigranular linguistic preference relations[J]. IEEE Transactions on fuzzy Systems, 2005, 13(5): 644-658.

[114] Atanassov K T. Intuitionistic Fuzzy Sets: Theory and Applications[M]. Studies in Fuzziness and Soft Computing. Heidelberg, New York: Physica-Verlag, 1999.

[115] Wu J, Chiclana F. Non-dominance and attitudinal prioritisation methods for intuitionistic and interval-valued intuitionistic fuzzy preference relations[J]. Expert Systems with Applications, 2012, 39(18): 13409-13416.

[116] Liu H W, Wang G J. Multi-criteria decision-making methods based on intuitionistic fuzzy sets[J]. European Journal of Operational Research, 2007, 179(1): 220-233.

[117] Guo K, Li W. An attitudinal-based method for constructing intuitionistic fuzzy information in hybrid MADM under uncertainty[J]. Information Sciences, 2012, 208: 28-38.

[118] Ouyang Y, Pedrycz W. A new model for intuitionistic fuzzy multi-attributes decision making[J]. European Journal of Operational Research, 2016, 249(2): 677-682.

[119] Pal N R, Bustince H, Pagola M, et al. Uncertainties with Atanassov's intuitionistic fuzzy sets: Fuzziness and lack of knowledge[J]. Information Sciences, 2013, 228: 61-74.

[120] Szmidt E, Kacprzyk J. Entropy for intuitionistic fuzzy sets[J]. Fuzzy Sets and Systems, 2001, 118(3): 467-477.

[121] Szmidt E, Kacprzyk J. New measures of entropy for intuitionistic fuzzy sets[C]. Ninth Int Conf IFSs Sofia, 2005, 11(2): 12-20.

[122] Szmidt E, Kacprzyk J. Some problems with entropy measures for the Atanassov intuitionistic fuzzy sets[C]. Applications of Fuzzy Sets Theory. Heidelberg: Springer, 2007: 291-297.

[123] Wu J, Chiclana F. A risk attitudinal ranking method for interval-valued intuitionistic fuzzy numbers based on novel attitudinal expected score and accuracy functions[J]. Applied Soft Computing, 2014, 22: 272-286.

[124] Jin F, Pei L, Chen H, et al. Interval-valued intuitionistic fuzzy continuous weighted entropy and its application to multi-criteria fuzzy group decision making[J]. Knowledge-Based Systems, 2014, 59: 132-141.

[125] Saaty T L. Modeling unstructured decision problems: The theory of analytical hierarchies[J]. Mathematics & Computers in Simulation, 1978, 20(3): 147-158.

[126] Herrera-Viedma E, Herrera F, Chiclana F, et al. Some issues on consistency of fuzzy preference relations[J]. European Journal of Operational Research, 2004, 154(1): 98-109.

[127] 樊治平, 姜艳萍. 互补判断矩阵一致性改进方法 [J]. 东北大学学报 (自然科学版), 2003, 24(1): 98-101.

[128] 徐泽水. AHP 中两类标度的关系研究 [J]. 系统工程理论与实践, 1999, 19(7): 97-101.

[129] Tanino T. Fuzzy preference orderings in group decision making[J]. Fuzzy Sets & Systems, 1984, 12(2): 117-131.

[130] Wang Z J, Li K W. Goal programming approaches to deriving interval weights based on interval fuzzy preference relations[J]. Information Sciences, 2012, 193(193): 180-198.

[131] Li K W, Wang Z J, Tong X. Acceptability analysis and priority weight elicitation for interval multiplicative comparison matrices[J]. European Journal of Operational Research, 2016, 250(2): 628-638.

[132] Saaty T L. The Analytic Hierarchy Process. New York: McGraw-Hill, 1980.

[133] Xu Z, Yager R R. Some geometric aggregation operators based on intuitionistic fuzzy sets[J]. International Journal of General Systems, 2006, 35(4): 417-433.

[134] 李登峰. 直觉模糊集决策与对策分析方法 [M]. 北京: 国防工业出版社, 2012.

附　　录

$$
\begin{aligned}
&\max\ \{\eta-\vartheta\}\\
&\text{s.t.}\\
&\theta^1_{\mu12}(\eta-1)\leqslant 0.6001-\mu_{12}\leqslant\theta^1_{\mu12}(1-\eta);\\
&-[\theta^1_{\mu12}+\alpha^1_{\mu12}+\beta^1_{\mu12}(\vartheta-1)]\leqslant 0.6001-\mu_{12}\leqslant\theta^1_{\mu12}+\alpha^1_{\mu12}+\beta^1_{\mu12}(\vartheta-1);\\
&\theta^1_{\mu13}(\eta-1)\leqslant 0.3-\mu_{13}\leqslant\theta^1_{\mu13}(1-\eta);\\
&-[\theta^1_{\mu13}+\alpha^1_{\mu13}+\beta^1_{\mu13}(\vartheta-1)]\leqslant 0.3-\mu_{13}\leqslant\theta^1_{\mu13}+\alpha^1_{\mu13}+\beta^1_{\mu13}(\vartheta-1);\\
&\theta^1_{\mu14}(\eta-1)\leqslant 0.6-\mu_{14}\leqslant\theta^1_{\mu14}(1-\eta);\\
&-[\theta^1_{\mu14}+\alpha^1_{\mu14}+\beta^1_{\mu14}(\vartheta-1)]\leqslant 0.6-\mu_{14}\leqslant\theta^1_{\mu14}+\alpha^1_{\mu14}+\beta^1_{\mu14}(\vartheta-1);\\
&\theta^1_{\mu15}(\eta-1)\leqslant 0.5-\mu_{15}\leqslant\theta^1_{\mu15}(1-\eta);\\
&-[\theta^1_{\mu15}+\alpha^1_{\mu15}+\beta^1_{\mu15}(\vartheta-1)]\leqslant 0.5-\mu_{15}\leqslant\theta^1_{\mu15}+\alpha^1_{\mu15}+\beta^1_{\mu15}(\vartheta-1);\\
&\theta^1_{\mu23}(\eta-1)\leqslant 0.4-\mu_{23}\leqslant\theta^1_{\mu23}(1-\eta);\\
&-[\theta^1_{\mu23}+\alpha^1_{\mu23}+\beta^1_{\mu23}(\vartheta-1)]\leqslant 0.4-\mu_{23}\leqslant\theta^1_{\mu23}+\alpha^1_{\mu23}+\beta^1_{\mu23}(\vartheta-1);\\
&\theta^1_{\mu24}(\eta-1)\leqslant 0.5-\mu_{24}\leqslant\theta^1_{\mu24}(1-\eta);\\
&-[\theta^1_{\mu24}+\alpha^1_{\mu24}+\beta^1_{\mu24}(\vartheta-1)]\leqslant 0.5-\mu_{24}\leqslant\theta^1_{\mu24}+\alpha^1_{\mu24}+\beta^1_{\mu24}(\vartheta-1);\\
&\theta^1_{\mu25}(\eta-1)\leqslant 0.6-\mu_{25}\leqslant\theta^1_{\mu25}(1-\eta);\\
&-[\theta^1_{\mu25}+\alpha^1_{\mu25}+\beta^1_{\mu25}(\vartheta-1)]\leqslant 0.6-\mu_{25}\leqslant\theta^1_{\mu25}+\alpha^1_{\mu25}+\beta^1_{\mu25}(\vartheta-1);\\
&\theta^1_{\mu34}(\eta-1)\leqslant 0.4-\mu_{34}\leqslant\theta^1_{\mu34}(1-\eta);\\
&-[\theta^1_{\mu34}+\alpha^1_{\mu34}+\beta^1_{\mu34}(\vartheta-1)]\leqslant 0.4-\mu_{34}\leqslant\theta^1_{\mu34}+\alpha^1_{\mu34}+\beta^1_{\mu34}(\vartheta-1);\\
&\theta^1_{\mu35}(\eta-1)\leqslant 0.2-\mu_{35}\leqslant\theta^1_{\mu35}(1-\eta);\\
&-[\theta^1_{\mu35}+\alpha^1_{\mu35}+\beta^1_{\mu35}(\vartheta-1)]\leqslant 0.2-\mu_{35}\leqslant\theta^1_{\mu35}+\alpha^1_{\mu35}+\beta^1_{\mu35}(\vartheta-1);\\
&\theta^1_{\mu45}(\eta-1)\leqslant 0.3-\mu_{45}\leqslant\theta^1_{\mu45}(1-\eta);\\
&-[\theta^1_{\mu45}+\alpha^1_{\mu45}+\beta^1_{\mu45}(\vartheta-1)]\leqslant 0.3-\mu_{45}\leqslant\theta^1_{\mu45}+\alpha^1_{\mu45}+\beta^1_{\mu45}(\vartheta-1);\\
&\theta^1_{\nu12}(\eta-1)\leqslant 0.2999-\nu_{12}\leqslant\theta^1_{\nu12}(1-\eta);\\
&-[\theta^1_{\nu12}+\alpha^1_{\nu12}+\beta^1_{\nu12}(\vartheta-1)]\leqslant 0.2999-\nu_{12}\leqslant\theta^1_{\nu12}+\alpha^1_{\nu12}+\beta^1_{\nu12}(\vartheta-1);\\
&\theta^1_{\nu13}(\eta-1)\leqslant 0.6-\nu_{13}\leqslant\theta^1_{\nu13}(1-\eta);\\
&-[\theta^1_{\nu13}+\alpha^1_{\nu13}+\beta^1_{\nu13}(\vartheta-1)]\leqslant 0.6-\nu_{13}\leqslant\theta^1_{\nu13}+\alpha^1_{\nu13}+\beta^1_{\nu13}(\vartheta-1);\\
&\theta^1_{\nu14}(\eta-1)\leqslant 0.2-\nu_{14}\leqslant\theta^1_{\nu14}(1-\eta);\\
&-[\theta^1_{\nu14}+\alpha^1_{\nu14}+\beta^1_{\nu14}(\vartheta-1)]\leqslant 0.2-\nu_{14}\leqslant\theta^1_{\nu14}+\alpha^1_{\nu14}+\beta^1_{\nu14}(\vartheta-1);
\end{aligned}
$$

$\theta^1_{\nu 15}(\eta-1)\leqslant 0.4-\nu_{15}\leqslant\theta^1_{\nu 15}(1-\eta);$

$-[\theta^1_{\nu 15}+\alpha^1_{\nu 15}+\beta^1_{\nu 15}(\vartheta-1)]\leqslant 0.4-\nu_{15}\leqslant\theta^1_{\nu 15}+\alpha^1_{\nu 15}+\beta^1_{\nu 15}(\vartheta-1);$

$\theta^1_{\nu 23}(\eta-1)\leqslant 0.6-\nu_{23}\leqslant\theta^1_{\nu 23}(1-\eta);$

$-[\theta^1_{\nu 23}+\alpha^1_{\nu 23}+\beta^1_{\nu 23}(\vartheta-1)]\leqslant 0.6-\nu_{23}\leqslant\theta^1_{\nu 23}+\alpha^1_{\nu 23}+\beta^1_{\nu 23}(\vartheta-1);$

$\theta^1_{\nu 24}(\eta-1)\leqslant 0.3-\nu_{24}\leqslant\theta^1_{\nu 24}(1-\eta);$

$-[\theta^1_{\nu 24}+\alpha^1_{\nu 24}+\beta^1_{\nu 24}(\vartheta-1)]\leqslant 0.3-\nu_{24}\leqslant\theta^1_{\nu 24}+\alpha^1_{\nu 24}+\beta^1_{\nu 24}(\vartheta-1);$

$\theta^1_{\nu 25}(\eta-1)\leqslant 0.3-\nu_{25}\leqslant\theta^1_{\nu 25}(1-\eta);$

$-[\theta^1_{\nu 25}+\alpha^1_{\nu 25}+\beta^1_{\nu 25}(\vartheta-1)]\leqslant 0.3-\nu_{25}\leqslant\theta^1_{\nu 25}+\alpha^1_{\nu 25}+\beta^1_{\nu 25}(\vartheta-1);$

$\theta^1_{\nu 34}(\eta-1)\leqslant 0.3-\nu_{34}\leqslant\theta^1_{\nu 34}(1-\eta);$

$-[\theta^1_{\nu 34}+\alpha^1_{\nu 34}+\beta^1_{\nu 34}(\vartheta-1)]\leqslant 0.3-\nu_{34}\leqslant\theta^1_{\nu 34}+\alpha^1_{\nu 34}+\beta^1_{\nu 34}(\vartheta-1);$

$\theta^1_{\nu 35}(\eta-1)\leqslant 0.5-\nu_{35}\leqslant\theta^1_{\nu 35}(1-\eta);$

$-[\theta^1_{\nu 35}+\alpha^1_{\nu 35}+\beta^1_{\nu 35}(\vartheta-1)]\leqslant 0.5-\nu_{35}\leqslant\theta^1_{\nu 35}+\alpha^1_{\nu 35}+\beta^1_{\nu 35}(\vartheta-1);$

$\theta^1_{\nu 45}(\eta-1)\leqslant 0.6-\nu_{45}\leqslant\theta^1_{\nu 45}(1-\eta);$

$-[\theta^1_{\nu 45}+\alpha^1_{\nu 45}+\beta^1_{\nu 45}(\vartheta-1)]\leqslant 0.6-\nu_{45}\leqslant\theta^1_{\nu 45}+\alpha^1_{\nu 45}+\beta^1_{\nu 45}(\vartheta-1);$

$\theta^2_{\mu 12}(\eta-1)\leqslant 0.4001-\mu_{12}\leqslant\theta^2_{\mu 12}(1-\eta);$

$-[\theta^2_{\mu 12}+\alpha^2_{\mu 12}+\beta^2_{\mu 12}(\vartheta-1)]\leqslant 0.4001-\mu_{12}\leqslant\theta^2_{\mu 12}+\alpha^2_{\mu 12}+\beta^2_{\mu 12}(\vartheta-1);$

$\theta^2_{\mu 13}(\eta-1)\leqslant 0.5-\mu_{13}\leqslant\theta^2_{\mu 13}(1-\eta);$

$-[\theta^2_{\mu 13}+\alpha^2_{\mu 13}+\beta^2_{\mu 13}(\vartheta-1)]\leqslant 0.5-\mu_{13}\leqslant\theta^2_{\mu 13}+\alpha^2_{\mu 13}+\beta^2_{\mu 13}(\vartheta-1);$

$\theta^2_{\mu 14}(\eta-1)\leqslant 0.4-\mu_{14}\leqslant\theta^2_{\mu 14}(1-\eta);$

$-[\theta^2_{\mu 14}+\alpha^2_{\mu 14}+\beta^2_{\mu 14}(\vartheta-1)]\leqslant 0.4-\mu_{14}\leqslant\theta^2_{\mu 14}+\alpha^2_{\mu 14}+\beta^2_{\mu 14}(\vartheta-1);$

$\theta^2_{\mu 15}(\eta-1)\leqslant 0.7-\mu_{15}\leqslant\theta^2_{\mu 15}(1-\eta);$

$-[\theta^2_{\mu 15}+\alpha^2_{\mu 15}+\beta^2_{\mu 15}(\vartheta-1)]\leqslant 0.7-\mu_{15}\leqslant\theta^2_{\mu 15}+\alpha^2_{\mu 15}+\beta^2_{\mu 15}(\vartheta-1);$

$\theta^2_{\mu 23}(\eta-1)\leqslant 0.3-\mu_{23}\leqslant\theta^2_{\mu 23}(1-\eta);$

$-[\theta^2_{\mu 23}+\alpha^2_{\mu 23}+\beta^2_{\mu 23}(\vartheta-1)]\leqslant 0.3-\mu_{23}\leqslant\theta^2_{\mu 23}+\alpha^2_{\mu 23}+\beta^2_{\mu 23}(\vartheta-1);$

$\theta^2_{\mu 24}(\eta-1)\leqslant 0.3-\mu_{24}\leqslant\theta^2_{\mu 24}(1-\eta);$

$-[\theta^2_{\mu 24}+\alpha^2_{\mu 24}+\beta^2_{\mu 24}(\vartheta-1)]\leqslant 0.3-\mu_{24}\leqslant\theta^2_{\mu 24}+\alpha^2_{\mu 24}+\beta^2_{\mu 24}(\vartheta-1);$

$\theta^2_{\mu 25}(\eta-1)\leqslant 0.4-\mu_{25}\leqslant\theta^2_{\mu 25}(1-\eta);$

$-[\theta^2_{\mu 25}+\alpha^2_{\mu 25}+\beta^2_{\mu 25}(\vartheta-1)]\leqslant 0.4-\mu_{25}\leqslant\theta^2_{\mu 25}+\alpha^2_{\mu 25}+\beta^2_{\mu 25}(\vartheta-1);$

$\theta^2_{\mu 34}(\eta-1)\leqslant 0.6-\mu_{34}\leqslant\theta^2_{\mu 34}(1-\eta);$

$-[\theta^2_{\mu 34}+\alpha^2_{\mu 34}+\beta^2_{\mu 34}(\vartheta-1)]\leqslant 0.6-\mu_{34}\leqslant\theta^2_{\mu 34}+\alpha^2_{\mu 34}+\beta^2_{\mu 34}(\vartheta-1);$

$\theta^2_{\mu 35}(\eta-1)\leqslant 0.5-\mu_{35}\leqslant\theta^2_{\mu 35}(1-\eta);$

$-[\theta^2_{\mu 35}+\alpha^2_{\mu 35}+\beta^2_{\mu 35}(\vartheta-1)]\leqslant 0.5-\mu_{35}\leqslant\theta^2_{\mu 35}+\alpha^2_{\mu 35}+\beta^2_{\mu 35}(\vartheta-1);$

$\theta^2_{\mu 45}(\eta-1)\leqslant 0.6-\mu_{45}\leqslant\theta^2_{\mu 45}(1-\eta);$

$-[\theta^2_{\mu 45}+\alpha^2_{\mu 45}+\beta^2_{\mu 45}(\vartheta-1)]\leqslant 0.6-\mu_{45}\leqslant\theta^2_{\mu 45}+\alpha^2_{\mu 45}+\beta^2_{\mu 45}(\vartheta-1);$

$$\theta_{\nu 12}^2(\eta - 1) \leqslant 0.3999 - \nu_{12} \leqslant \theta_{\nu 12}^2(1 - \eta);$$
$$-[\theta_{\nu 12}^2 + \alpha_{\nu 12}^2 + \beta_{\nu 12}^2(\vartheta - 1)] \leqslant 0.3999 - \nu_{12} \leqslant \theta_{\nu 12}^2 + \alpha_{\nu 12}^2 + \beta_{\nu 12}^2(\vartheta - 1);$$
$$\theta_{\nu 13}^2(\eta - 1) \leqslant 0.2 - \nu_{13} \leqslant \theta_{\nu 13}^2(1 - \eta);$$
$$-[\theta_{\nu 13}^2 + \alpha_{\nu 13}^2 + \beta_{\nu 13}^2(\vartheta - 1)] \leqslant 0.2 - \nu_{13} \leqslant \theta_{\nu 13}^2 + \alpha_{\nu 13}^2 + \beta_{\nu 13}^2(\vartheta - 1);$$
$$\theta_{\nu 14}^2(\eta - 1) \leqslant 0.5 - \nu_{14} \leqslant \theta_{\nu 14}^2(1 - \eta);$$
$$-[\theta_{\nu 14}^2 + \alpha_{\nu 14}^2 + \beta_{\nu 14}^2(\vartheta - 1)] \leqslant 0.5 - \nu_{14} \leqslant \theta_{\nu 14}^2 + \alpha_{\nu 14}^2 + \beta_{\nu 14}^2(\vartheta - 1);$$
$$\theta_{\nu 15}^2(\eta - 1) \leqslant 0.3 - \nu_{15} \leqslant \theta_{\nu 15}^2(1 - \eta);$$
$$-[\theta_{\nu 15}^2 + \alpha_{\nu 15}^2 + \beta_{\nu 15}^2(\vartheta - 1)] \leqslant 0.3 - \nu_{15} \leqslant \theta_{\nu 15}^2 + \alpha_{\nu 15}^2 + \beta_{\nu 15}^2(\vartheta - 1);$$
$$\theta_{\nu 23}^2(\eta - 1) \leqslant 0.5 - \nu_{23} \leqslant \theta_{\nu 23}^2(1 - \eta);$$
$$-[\theta_{\nu 23}^2 + \alpha_{\nu 23}^2 + \beta_{\nu 23}^2(\vartheta - 1)] \leqslant 0.5 - \nu_{23} \leqslant \theta_{\nu 23}^2 + \alpha_{\nu 23}^2 + \beta_{\nu 23}^2(\vartheta - 1);$$
$$\theta_{\nu 24}^2(\eta - 1) \leqslant 0.6 - \nu_{24} \leqslant \theta_{\nu 24}^2(1 - \eta);$$
$$-[\theta_{\nu 24}^2 + \alpha_{\nu 24}^2 + \beta_{\nu 24}^2(\vartheta - 1)] \leqslant 0.6 - \nu_{24} \leqslant \theta_{\nu 24}^2 + \alpha_{\nu 24}^2 + \beta_{\nu 24}^2(\vartheta - 1);$$
$$\theta_{\nu 25}^2(\eta - 1) \leqslant 0.6 - \nu_{25} \leqslant \theta_{\nu 25}^2(1 - \eta);$$
$$-[\theta_{\nu 25}^2 + \alpha_{\nu 25}^2 + \beta_{\nu 25}^2(\vartheta - 1)] \leqslant 0.6 - \nu_{25} \leqslant \theta_{\nu 25}^2 + \alpha_{\nu 25}^2 + \beta_{\nu 25}^2(\vartheta - 1);$$
$$\theta_{\nu 34}^2(\eta - 1) \leqslant 0.2 - \nu_{34} \leqslant \theta_{\nu 34}^2(1 - \eta);$$
$$-[\theta_{\nu 34}^2 + \alpha_{\nu 34}^2 + \beta_{\nu 34}^2(\vartheta - 1)] \leqslant 0.2 - \nu_{34} \leqslant \theta_{\nu 34}^2 + \alpha_{\nu 34}^2 + \beta_{\nu 34}^2(\vartheta - 1);$$
$$\theta_{\nu 35}^2(\eta - 1) \leqslant 0.4 - \nu_{35} \leqslant \theta_{\nu 35}^2(1 - \eta);$$
$$-[\theta_{\nu 35}^2 + \alpha_{\nu 35}^2 + \beta_{\nu 35}^2(\vartheta - 1)] \leqslant 0.4 - \nu_{35} \leqslant \theta_{\nu 35}^2 + \alpha_{\nu 35}^2 + \beta_{\nu 35}^2(\vartheta - 1);$$
$$\theta_{\nu 45}^2(\eta - 1) \leqslant 0.3 - \nu_{45} \leqslant \theta_{\nu 45}^2(1 - \eta);$$
$$-[\theta_{\nu 45}^2 + \alpha_{\nu 45}^2 + \beta_{\nu 45}^2(\vartheta - 1)] \leqslant 0.3 - \nu_{45} \leqslant \theta_{\nu 45}^2 + \alpha_{\nu 45}^2 + \beta_{\nu 45}^2(\vartheta - 1);$$
$$\theta_{\mu 12}^3(\eta - 1) \leqslant 0.2001 - \mu_{12} \leqslant \theta_{\mu 12}^3(1 - \eta);$$
$$-[\theta_{\mu 12}^3 + \alpha_{\mu 12}^3 + \beta_{\mu 12}^3(\vartheta - 1)] \leqslant 0.2001 - \mu_{12} \leqslant \theta_{\mu 12}^3 + \alpha_{\mu 12}^3 + \beta_{\mu 12}^3(\vartheta - 1);$$
$$\theta_{\mu 13}^3(\eta - 1) \leqslant 0.5 - \mu_{13} \leqslant \theta_{\mu 13}^3(1 - \eta);$$
$$-[\theta_{\mu 13}^3 + \alpha_{\mu 13}^3 + \beta_{\mu 13}^3(\vartheta - 1)] \leqslant 0.5 - \mu_{13} \leqslant \theta_{\mu 13}^3 + \alpha_{\mu 13}^3 + \beta_{\mu 13}^3(\vartheta - 1);$$
$$\theta_{\mu 14}^3(\eta - 1) \leqslant 0.3 - \mu_{14} \leqslant \theta_{\mu 14}^3(1 - \eta);$$
$$-[\theta_{\mu 14}^3 + \alpha_{\mu 14}^3 + \beta_{\mu 14}^3(\vartheta - 1)] \leqslant 0.3 - \mu_{14} \leqslant \theta_{\mu 14}^3 + \alpha_{\mu 14}^3 + \beta_{\mu 14}^3(\vartheta - 1);$$
$$\theta_{\mu 15}^3(\eta - 1) \leqslant 0.4 - \mu_{15} \leqslant \theta_{\mu 15}^3(1 - \eta);$$
$$-[\theta_{\mu 15}^3 + \alpha_{\mu 15}^3 + \beta_{\mu 15}^3(\vartheta - 1)] \leqslant 0.4 - \mu_{15} \leqslant \theta_{\mu 15}^3 + \alpha_{\mu 15}^3 + \beta_{\mu 15}^3(\vartheta - 1);$$
$$\theta_{\mu 23}^3(\eta - 1) \leqslant 0.7 - \mu_{23} \leqslant \theta_{\mu 23}^3(1 - \eta);$$
$$-[\theta_{\mu 23}^3 + \alpha_{\mu 23}^3 + \beta_{\mu 23}^3(\vartheta - 1)] \leqslant 0.7 - \mu_{23} \leqslant \theta_{\mu 23}^3 + \alpha_{\mu 23}^3 + \beta_{\mu 23}^3(\vartheta - 1);$$
$$\theta_{\mu 24}^3(\eta - 1) \leqslant 0.4 - \mu_{24} \leqslant \theta_{\mu 24}^3(1 - \eta);$$
$$-[\theta_{\mu 24}^3 + \alpha_{\mu 24}^3 + \beta_{\mu 24}^3(\vartheta - 1)] \leqslant 0.4 - \mu_{24} \leqslant \theta_{\mu 24}^3 + \alpha_{\mu 24}^3 + \beta_{\mu 24}^3(\vartheta - 1);$$
$$\theta_{\mu 25}^3(\eta - 1) \leqslant 0.7 - \mu_{25} \leqslant \theta_{\mu 25}^3(1 - \eta);$$
$$-[\theta_{\mu 25}^3 + \alpha_{\mu 25}^3 + \beta_{\mu 25}^3(\vartheta - 1)] \leqslant 0.7 - \mu_{25} \leqslant \theta_{\mu 25}^3 + \alpha_{\mu 25}^3 + \beta_{\mu 25}^3(\vartheta - 1);$$

$$
\begin{aligned}
&\theta_{\mu34}^3(\eta-1)\leqslant 0.2-\mu_{34}\leqslant\theta_{\mu34}^3(1-\eta);\\
&-[\theta_{\mu34}^3+\alpha_{\mu34}^3+\beta_{\mu34}^3(\vartheta-1)]\leqslant 0.2-\mu_{34}\leqslant\theta_{\mu34}^3+\alpha_{\mu34}^3+\beta_{\mu34}^3(\vartheta-1);\\
&\theta_{\mu35}^3(\eta-1)\leqslant 0.4-\mu_{35}\leqslant\theta_{\mu35}^3(1-\eta);\\
&-[\theta_{\mu35}^3+\alpha_{\mu35}^3+\beta_{\mu35}^3(\vartheta-1)]\leqslant 0.4-\mu_{35}\leqslant\theta_{\mu35}^3+\alpha_{\mu35}^3+\beta_{\mu35}^3(\vartheta-1);\\
&\theta_{\mu45}^3(\eta-1)\leqslant 0.5-\mu_{45}\leqslant\theta_{\mu45}^3(1-\eta);\\
&-[\theta_{\mu45}^3+\alpha_{\mu35}^3+\beta_{\mu35}^3(\vartheta-1)]\leqslant 0.5-\mu_{45}\leqslant\theta_{\mu45}^3+\alpha_{\mu35}^3+\beta_{\mu35}^3(\vartheta-1);\\
&\theta_{\nu12}^3(\eta-1)\leqslant 0.5999-\nu_{12}\leqslant\theta_{\nu12}^3(1-\eta);\\
&-[\theta_{\nu12}^3+\alpha_{\nu12}^3+\beta_{\nu12}^3(\vartheta-1)]\leqslant 0.5999-\nu_{12}\leqslant\theta_{\nu12}^3+\alpha_{\nu12}^3+\beta_{\nu12}^3(\vartheta-1);\\
&\theta_{\nu13}^3(\eta-1)\leqslant 0.3-\nu_{13}\leqslant\theta_{\nu13}^3(1-\eta);\\
&-[\theta_{\nu13}^3+\alpha_{\nu13}^3+\beta_{\nu13}^3(\vartheta-1)]\leqslant 0.3-\nu_{13}\leqslant\theta_{\nu13}^3+\alpha_{\nu13}^3+\beta_{\nu13}^3(\vartheta-1);\\
&\theta_{\nu14}^3(\eta-1)\leqslant 0.5-\nu_{14}\leqslant\theta_{\nu14}^3(1-\eta);\\
&-[\theta_{\nu14}^3+\alpha_{\nu14}^3+\beta_{\nu14}^3(\vartheta-1)]\leqslant 0.5-\nu_{14}\leqslant\theta_{\nu14}^3+\alpha_{\nu14}^3+\beta_{\nu14}^3(\vartheta-1);\\
&\theta_{\nu15}^3(\eta-1)\leqslant 0.5-\nu_{15}\leqslant\theta_{\nu15}^3(1-\eta);\\
&-[\theta_{\nu15}^3+\alpha_{\nu15}^3+\beta_{\nu15}^3(\vartheta-1)]\leqslant 0.5-\nu_{15}\leqslant\theta_{\nu15}^3+\alpha_{\nu15}^3+\beta_{\nu15}^3(\vartheta-1);\\
&\theta_{\nu23}^3(\eta-1)\leqslant 0.3-\nu_{23}\leqslant\theta_{\nu23}^3(1-\eta);\\
&-[\theta_{\nu23}^3+\alpha_{\nu23}^3+\beta_{\nu23}^3(\vartheta-1)]\leqslant 0.3-\nu_{23}\leqslant\theta_{\nu23}^3+\alpha_{\nu23}^3+\beta_{\nu23}^3(\vartheta-1);\\
&\theta_{\nu24}^3(\eta-1)\leqslant 0.4-\nu_{24}\leqslant\theta_{\nu24}^3(1-\eta);\\
&-[\theta_{\nu24}^3+\alpha_{\nu24}^3+\beta_{\nu24}^3(\vartheta-1)]\leqslant 0.4-\nu_{24}\leqslant\theta_{\nu24}^3+\alpha_{\nu24}^3+\beta_{\nu24}^3(\vartheta-1);\\
&\theta_{\nu25}^3(\eta-1)\leqslant 0.2-\nu_{25}\leqslant\theta_{\nu25}^3(1-\eta);\\
&-[\theta_{\nu25}^3+\alpha_{\nu25}^3+\beta_{\nu25}^3(\vartheta-1)]\leqslant 0.2-\nu_{25}\leqslant\theta_{\nu25}^3+\alpha_{\nu25}^3+\beta_{\nu25}^3(\vartheta-1);\\
&\theta_{\nu34}^3(\eta-1)\leqslant 0.7-\nu_{34}\leqslant\theta_{\nu34}^3(1-\eta);\\
&-[\theta_{\nu34}^3+\alpha_{\nu34}^3+\beta_{\nu34}^3(\vartheta-1)]\leqslant 0.7-\nu_{34}\leqslant\theta_{\nu34}^3+\alpha_{\nu34}^3+\beta_{\nu34}^3(\vartheta-1);\\
&\theta_{\nu35}^3(\eta-1)\leqslant 0.3-\nu_{35}\leqslant\theta_{\nu35}^3(1-\eta);\\
&-[\theta_{\nu35}^3+\alpha_{\nu35}^3+\beta_{\nu35}^3(\vartheta-1)]\leqslant 0.3-\nu_{35}\leqslant\theta_{\nu35}^3+\alpha_{\nu35}^3+\beta_{\nu35}^3(\vartheta-1);\\
&\theta_{\nu45}^3(\eta-1)\leqslant 0.4-\nu_{45}\leqslant\theta_{\nu45}^3(1-\eta);\\
&-[\theta_{\nu45}^3+\alpha_{\nu45}^3+\beta_{\nu45}^3(\vartheta-1)]\leqslant 0.4-\nu_{45}\leqslant\theta_{\nu45}^3+\alpha_{\nu45}^3+\beta_{\nu45}^3(\vartheta-1);\\
&\eta\geqslant\vartheta,\ \vartheta\geqslant 0,\ \eta+\vartheta\leqslant 1; w_1+w_2+w_3=1, w_k\geqslant 0, k=1,2,3.
\end{aligned}
\tag{A.1}
$$

其中

$\mu^{12}=0.6001w_1+0.4001w_2+0.2001w_3;\nu^{12}=0.2999w_1+0.3999w_2+0.5999w_3;$

$\mu^{13}=0.3w_1+0.5w_2+0.5w_3;\nu^{13}=0.6w_1+0.2w_2+0.3w_3;$

$\mu^{14}=0.6w_1+0.4w_2+0.3w_3;\nu^{14}=0.2w_1+0.5w_2+0.5w_3;$

$\mu^{15}=0.5w_1+0.7w_2+0.4w_3;\nu^{15}=0.4w_1+0.3w_2+0.5w_3;$

$\mu^{23}=0.4w_1+0.3w_2+0.7w_3;\nu^{23}=0.6w_1+0.5w_2+0.3w_3;$

$$\mu^{24}=0.5w_1+0.3w_2+0.4w_3;\nu^{24}=0.3w_1+0.6w_2+0.4w_3;$$
$$\mu^{25}=0.6w_1+0.4w_2+0.7w_3;\nu^{25}=0.3w_1+0.6w_2+0.2w_3;$$
$$\mu^{34}=0.4w_1+0.6w_2+0.2w_3;\nu^{34}=0.3w_1+0.2w_2+0.7w_3;$$
$$\mu^{35}=0.2w_1+0.5w_2+0.4w_3;\nu^{35}=0.5w_1+0.4w_2+0.3w_3;$$
$$\mu^{45}=0.3w_1+0.6w_2+0.5w_3;\nu^{45}=0.6w_1+0.3w_2+0.4w_3.$$

$\max\{\eta-\vartheta\}$

s.t.

$\theta^1_{\mu12}(\eta-1)\leqslant 0.6001-\mu_{12}\leqslant\theta^1_{\mu12}(1-\eta);-(\theta^1_{\mu12}+\delta^1_{\mu12})\vartheta\leqslant 0.6001-\mu_{12}\leqslant(\theta^1_{\mu12}+\delta^1_{\mu ij})\vartheta;$

$\theta^1_{\mu13}(\eta-1)\leqslant 0.3-\mu_{13}\leqslant\theta^1_{\mu13}(1-\eta);-(\theta^1_{\mu13}+\delta^1_{\mu13})\vartheta\leqslant 0.3-\mu_{13}\leqslant(\theta^1_{\mu13}+\delta^1_{\mu13})\vartheta;$

$\theta^1_{\mu14}(\eta-1)\leqslant 0.6-\mu_{14}\leqslant\theta^1_{\mu14}(1-\eta);-(\theta^1_{\mu14}+\delta^1_{\mu14})\vartheta\leqslant 0.6-\mu_{14}\leqslant(\theta^1_{\mu14}+\delta^1_{\mu14})\vartheta;$

$\theta^1_{\mu15}(\eta-1)\leqslant 0.5-\mu_{15}\leqslant\theta^1_{\mu15}(1-\eta);-(\theta^1_{\mu15}+\delta^1_{\mu15})\vartheta\leqslant 0.5-\mu_{15}\leqslant(\theta^1_{\mu15}+\delta^1_{\mu15})\vartheta;$

$\theta^1_{\mu23}(\eta-1)\leqslant 0.4-\mu_{23}\leqslant\theta^1_{\mu23}(1-\eta);-(\theta^1_{\mu23}+\delta^1_{\mu23})\vartheta\leqslant 0.4-\mu_{23}\leqslant(\theta^1_{\mu23}+\delta^1_{\mu23})\vartheta;$

$\theta^1_{\mu24}(\eta-1)\leqslant 0.5-\mu_{24}\leqslant\theta^1_{\mu24}(1-\eta);-(\theta^1_{\mu24}+\delta^1_{\mu24})\vartheta\leqslant 0.5-\mu_{24}\leqslant(\theta^1_{\mu24}+\delta^1_{\mu24})\vartheta;$

$\theta^1_{\mu25}(\eta-1)\leqslant 0.6-\mu_{25}\leqslant\theta^1_{\mu25}(1-\eta);-(\theta^1_{\mu25}+\delta^1_{\mu25})\vartheta\leqslant 0.6-\mu_{25}\leqslant(\theta^1_{\mu25}+\delta^1_{\mu25})\vartheta;$

$\theta^1_{\mu34}(\eta-1)\leqslant 0.4-\mu_{34}\leqslant\theta^1_{\mu34}(1-\eta);-(\theta^1_{\mu34}+\delta^1_{\mu34})\vartheta\leqslant 0.4-\mu_{34}\leqslant(\theta^1_{\mu34}+\delta^1_{\mu34})\vartheta;$

$\theta^1_{\mu35}(\eta-1)\leqslant 0.2-\mu_{35}\leqslant\theta^1_{\mu35}(1-\eta);-(\theta^1_{\mu35}+\delta^1_{\mu35})\vartheta\leqslant 0.2-\mu_{35}\leqslant(\theta^1_{\mu35}+\delta^1_{\mu35})\vartheta;$

$\theta^1_{\mu45}(\eta-1)\leqslant 0.3-\mu_{45}\leqslant\theta^1_{\mu45}(1-\eta);-(\theta^1_{\mu45}+\delta^1_{\mu45})\vartheta\leqslant 0.3-\mu_{45}\leqslant(\theta^1_{\mu45}+\delta^1_{\mu45})\vartheta;$

$\theta^1_{\nu12}(\eta-1)\leqslant 0.2999-\nu_{12}\leqslant\theta^1_{\nu12}(1-\eta);-(\theta^1_{\nu12}+\delta^1_{\nu12})\vartheta\leqslant 0.2999-\nu_{12}\leqslant(\theta^1_{\nu12}+\delta^1_{\nu ij})\vartheta;$

$\theta^1_{\nu13}(\eta-1)\leqslant 0.6-\nu_{13}\leqslant\theta^1_{\nu13}(1-\eta);-(\theta^1_{\nu13}+\delta^1_{\nu13})\vartheta\leqslant 0.6-\nu_{13}\leqslant(\theta^1_{\nu13}+\delta^1_{\nu13})\vartheta;$

$\theta^1_{\nu14}(\eta-1)\leqslant 0.2-\nu_{14}\leqslant\theta^1_{\nu14}(1-\eta);-(\theta^1_{\nu14}+\delta^1_{\nu14})\vartheta\leqslant 0.2-\nu_{14}\leqslant(\theta^1_{\nu14}+\delta^1_{\nu14})\vartheta;$

$\theta^1_{\nu15}(\eta-1)\leqslant 0.4-\nu_{15}\leqslant\theta^1_{\nu15}(1-\eta);-(\theta^1_{\nu15}+\delta^1_{\nu15})\vartheta\leqslant 0.4-\nu_{15}\leqslant(\theta^1_{\nu15}+\delta^1_{\nu15})\vartheta;$

$\theta^1_{\nu23}(\eta-1)\leqslant 0.6-\nu_{23}\leqslant\theta^1_{\nu23}(1-\eta);-(\theta^1_{\nu23}+\delta^1_{\nu23})\vartheta\leqslant 0.6-\nu_{23}\leqslant(\theta^1_{\nu23}+\delta^1_{\nu23})\vartheta;$

$\theta^1_{\nu24}(\eta-1)\leqslant 0.3-\nu_{24}\leqslant\theta^1_{\nu24}(1-\eta);-(\theta^1_{\nu24}+\delta^1_{\nu24})\vartheta\leqslant 0.3-\nu_{24}\leqslant(\theta^1_{\nu24}+\delta^1_{\nu24})\vartheta;$

$\theta^1_{\nu25}(\eta-1)\leqslant 0.3-\nu_{25}\leqslant\theta^1_{\nu25}(1-\eta);-(\theta^1_{\nu25}+\delta^1_{\nu25})\vartheta\leqslant 0.3-\nu_{25}\leqslant(\theta^1_{\nu25}+\delta^1_{\nu25})\vartheta;$

$\theta^1_{\nu34}(\eta-1)\leqslant 0.3-\nu_{34}\leqslant\theta^1_{\nu34}(1-\eta);-(\theta^1_{\nu34}+\delta^1_{\nu34})\vartheta\leqslant 0.3-\nu_{34}\leqslant(\theta^1_{\nu34}+\delta^1_{\nu34})\vartheta;$

$\theta^1_{\nu35}(\eta-1)\leqslant 0.5-\nu_{35}\leqslant\theta^1_{\nu35}(1-\eta);-(\theta^1_{\nu35}+\delta^1_{\nu35})\vartheta\leqslant 0.5-\nu_{35}\leqslant(\theta^1_{\nu35}+\delta^1_{\nu35})\vartheta;$

$\theta^1_{\nu45}(\eta-1)\leqslant 0.6-\nu_{45}\leqslant\theta^1_{\nu45}(1-\eta);-(\theta^1_{\nu45}+\delta^1_{\nu45})\vartheta\leqslant 0.6-\nu_{45}\leqslant(\theta^1_{\nu45}+\delta^1_{\nu45})\vartheta;$

$\theta^2_{\mu12}(\eta-1)\leqslant 0.4001-\mu_{12}\leqslant\theta^2_{\mu12}(1-\eta);-(\theta^2_{\mu12}+\delta^2_{\mu12})\vartheta\leqslant 0.4001-\mu_{12}\leqslant(\theta^2_{\mu12}+\delta^2_{\mu ij})\vartheta;$

$\theta^2_{\mu13}(\eta-1)\leqslant 0.5-\mu_{13}\leqslant\theta^2_{\mu13}(1-\eta);-(\theta^2_{\mu13}+\delta^2_{\mu13})\gamma\leqslant 0.5-\mu_{13}\leqslant(\theta^2_{\mu13}+\delta^2_{\mu13})\vartheta;$

$\theta^2_{\mu14}(\eta-1)\leqslant 0.4-\mu_{14}\leqslant\theta^2_{\mu14}(1-\eta);-(\theta^2_{\mu14}+\delta^2_{\mu14})\gamma\leqslant 0.4-\mu_{14}\leqslant(\theta^2_{\mu14}+\delta^2_{\mu14})\vartheta;$

$\theta^2_{\mu15}(\eta-1)\leqslant 0.7-\mu_{15}\leqslant\theta^2_{\mu15}(1-\eta);-(\theta^2_{\mu15}+\delta^2_{\mu15})\gamma\leqslant 0.7-\mu_{15}\leqslant(\theta^2_{\mu15}+\delta^2_{\mu15})\vartheta;$

$\theta^2_{\mu23}(\eta-1)\leqslant 0.3-\mu_{23}\leqslant\theta^2_{\mu23}(1-\eta);-(\theta^2_{\mu23}+\delta^2_{\mu23})\gamma\leqslant 0.3-\mu_{23}\leqslant(\theta^2_{\mu23}+\delta^2_{\mu23})\vartheta;$

$\theta^2_{\mu24}(\eta-1)\leqslant 0.3-\mu_{24}\leqslant\theta^2_{\mu24}(1-\eta);-(\theta^2_{\mu24}+\delta^2_{\mu24})\gamma\leqslant 0.3-\mu_{24}\leqslant(\theta^2_{\mu24}+\delta^2_{\mu24})\vartheta;$

$\theta^2_{\mu25}(\eta-1)\leqslant 0.4-\mu_{25}\leqslant\theta^2_{\mu25}(1-\eta);-(\theta^2_{\mu25}+\delta^2_{\mu25})\gamma\leqslant 0.4-\mu_{25}\leqslant(\theta^2_{\mu25}+\delta^2_{\mu25})\vartheta;$

$$\theta^2_{\mu34}(\eta-1)\leqslant 0.6-\mu_{34}\leqslant\theta^2_{\mu34}(1-\eta);-(\theta^2_{\mu34}+\delta^2_{\mu34})\gamma\leqslant 0.6-\mu_{34}\leqslant(\theta^2_{\mu34}+\delta^2_{\mu34})\vartheta;$$
$$\theta^2_{\mu35}(\eta-1)\leqslant 0.5-\mu_{35}\leqslant\theta^2_{\mu35}(1-\eta);-(\theta^2_{\mu35}+\delta^2_{\mu35})\gamma\leqslant 0.5-\mu_{35}\leqslant(\theta^2_{\mu35}+\delta^2_{\mu35})\vartheta;$$
$$\theta^2_{\mu45}(\eta-1)\leqslant 0.6-\mu_{45}\leqslant\theta^2_{\mu45}(1-\eta);-(\theta^2_{\mu45}+\delta^2_{\mu45})\gamma\leqslant 0.6-\mu_{45}\leqslant(\theta^2_{\mu45}+\delta^2_{\mu45})\vartheta;$$
$$\theta^2_{\nu12}(\eta-1)\leqslant 0.3999-\nu_{12}\leqslant\theta^2_{\nu12}(1-\eta);-(\theta^2_{\nu12}+\delta^2_{\nu12})\gamma\leqslant 0.3999-\nu_{12}\leqslant(\theta^2_{\nu12}+\delta^2_{\nu ij})\vartheta;$$
$$\theta^2_{\nu13}(\eta-1)\leqslant 0.2-\nu_{13}\leqslant\theta^2_{\nu13}(1-\eta);-(\theta^2_{\nu13}+\delta^2_{\nu13})\gamma\leqslant 0.2-\nu_{13}\leqslant(\theta^2_{\nu13}+\delta^2_{\nu13})\vartheta;$$
$$\theta^2_{\nu14}(\eta-1)\leqslant 0.5-\nu_{14}\leqslant\theta^2_{\nu14}(1-\eta);-(\theta^2_{\nu14}+\delta^2_{\nu14})\gamma\leqslant 0.5-\nu_{14}\leqslant(\theta^2_{\nu14}+\delta^2_{\nu14})\vartheta;$$
$$\theta^2_{\nu15}(\eta-1)\leqslant 0.3-\nu_{15}\leqslant\theta^2_{\nu15}(1-\eta);-(\theta^2_{\nu15}+\delta^2_{\nu15})\gamma\leqslant 0.3-\nu_{15}\leqslant(\theta^2_{\nu15}+\delta^2_{\nu15})\vartheta;$$
$$\theta^2_{\nu23}(\eta-1)\leqslant 0.5-\nu_{23}\leqslant\theta^2_{\nu23}(1-\eta);-(\theta^2_{\nu23}+\delta^2_{\nu23})\gamma\leqslant 0.5-\nu_{23}\leqslant(\theta^2_{\nu23}+\delta^2_{\nu23})\vartheta;$$
$$\theta^2_{\nu24}(\eta-1)\leqslant 0.6-\nu_{24}\leqslant\theta^2_{\nu24}(1-\eta);-(\theta^2_{\nu24}+\delta^2_{\nu24})\gamma\leqslant 0.6-\nu_{24}\leqslant(\theta^2_{\nu24}+\delta^2_{\nu24})\vartheta;$$
$$\theta^2_{\nu25}(\eta-1)\leqslant 0.6-\nu_{25}\leqslant\theta^2_{\nu25}(1-\eta);-(\theta^2_{\nu25}+\delta^2_{\nu25})\gamma\leqslant 0.6-\nu_{25}\leqslant(\theta^2_{\nu25}+\delta^2_{\nu25})\vartheta;$$
$$\theta^2_{\nu34}(\eta-1)\leqslant 0.2-\nu_{34}\leqslant\theta^2_{\nu34}(1-\eta);-(\theta^2_{\nu34}+\delta^2_{\nu34})\gamma\leqslant 0.2-\nu_{34}\leqslant(\theta^2_{\nu34}+\delta^2_{\nu34})\vartheta;$$
$$\theta^2_{\nu35}(\eta-1)\leqslant 0.4-\nu_{35}\leqslant\theta^2_{\nu35}(1-\eta);-(\theta^2_{\nu35}+\delta^2_{\nu35})\gamma\leqslant 0.4-\nu_{35}\leqslant(\theta^2_{\nu35}+\delta^2_{\nu35})\vartheta;$$
$$\theta^2_{\nu45}(\eta-1)\leqslant 0.3-\nu_{45}\leqslant\theta^2_{\nu45}(1-\eta);-(\theta^2_{\nu45}+\delta^2_{\nu45})\gamma\leqslant 0.3-\nu_{45}\leqslant(\theta^2_{\nu45}+\delta^2_{\nu45})\vartheta;$$
$$\theta^3_{\mu12}(\eta-1)\leqslant 0.2001-\mu_{12}\leqslant\theta^3_{\mu12}(1-\eta);-(\theta^3_{\mu12}+\delta^3_{\mu12})\vartheta\leqslant 0.2001-\mu_{12}\leqslant(\theta^3_{\mu12}+\delta^3_{\mu ij})\vartheta;$$
$$\theta^3_{\mu13}(\eta-1)\leqslant 0.5-\mu_{13}\leqslant\theta^3_{\mu13}(1-\eta);-(\theta^3_{\mu13}+\delta^3_{\mu13})\vartheta\leqslant 0.5-\mu_{13}\leqslant(\theta^3_{\mu13}+\delta^3_{\mu13})\vartheta;$$
$$\theta^3_{\mu14}(\eta-1)\leqslant 0.3-\mu_{14}\leqslant\theta^3_{\mu14}(1-\eta);-(\theta^3_{\mu14}+\delta^3_{\mu14})\vartheta\leqslant 0.3-\mu_{14}\leqslant(\theta^3_{\mu14}+\delta^3_{\mu14})\vartheta;$$
$$\theta^3_{\mu15}(\eta-1)\leqslant 0.4-\mu_{15}\leqslant\theta^3_{\mu15}(1-\eta);-(\theta^3_{\mu15}+\delta^3_{\mu15})\vartheta\leqslant 0.4-\mu_{15}\leqslant(\theta^3_{\mu15}+\delta^3_{\mu15})\vartheta;$$
$$\theta^3_{\mu23}(\eta-1)\leqslant 0.7-\mu_{23}\leqslant\theta^3_{\mu23}(1-\eta);-(\theta^3_{\mu23}+\delta^3_{\mu23})\vartheta\leqslant 0.7-\mu_{23}\leqslant(\theta^3_{\mu23}+\delta^3_{\mu23})\vartheta;$$
$$\theta^3_{\mu24}(\eta-1)\leqslant 0.4-\mu_{24}\leqslant\theta^3_{\mu24}(1-\eta);-(\theta^3_{\mu24}+\delta^3_{\mu24})\vartheta\leqslant 0.4-\mu_{24}\leqslant(\theta^3_{\mu24}+\delta^3_{\mu24})\vartheta;$$
$$\theta^3_{\mu25}(\eta-1)\leqslant 0.7-\mu_{25}\leqslant\theta^3_{\mu25}(1-\eta);-(\theta^3_{\mu25}+\delta^3_{\mu25})\vartheta\leqslant 0.7-\mu_{25}\leqslant(\theta^3_{\mu25}+\delta^3_{\mu25})\vartheta;$$
$$\theta^3_{\mu34}(\eta-1)\leqslant 0.2-\mu_{34}\leqslant\theta^3_{\mu34}(1-\eta);-(\theta^3_{\mu34}+\delta^3_{\mu34})\vartheta\leqslant 0.2-\mu_{34}\leqslant(\theta^3_{\mu34}+\delta^3_{\mu34})\vartheta;$$
$$\theta^3_{\mu35}(\eta-1)\leqslant 0.4-\mu_{35}\leqslant\theta^3_{\mu35}(1-\eta);-(\theta^3_{\mu35}+\delta^3_{\mu35})\vartheta\leqslant 0.4-\mu_{35}\leqslant(\theta^3_{\mu35}+\delta^3_{\mu35})\vartheta;$$
$$\theta^3_{\mu45}(\eta-1)\leqslant 0.5-\mu_{45}\leqslant\theta^3_{\mu45}(1-\eta);-(\theta^3_{\mu45}+\delta^3_{\mu45})\vartheta\leqslant 0.5-\mu_{45}\leqslant(\theta^3_{\mu45}+\delta^3_{\mu45})\vartheta;$$
$$\theta^3_{\nu12}(\eta-1)\leqslant 0.5999-\nu_{12}\leqslant\theta^3_{\nu12}(1-\eta);-(\theta^3_{\nu12}+\delta^3_{\nu12})\vartheta\leqslant 0.5999-\nu_{12}\leqslant(\theta^3_{\nu12}+\delta^3_{\nu ij})\vartheta;$$
$$\theta^3_{\nu13}(\eta-1)\leqslant 0.3-\nu_{13}\leqslant\theta^3_{\nu13}(1-\eta);-(\theta^3_{\nu13}+\delta^3_{\nu13})\vartheta\leqslant 0.3-\nu_{13}\leqslant(\theta^3_{\nu13}+\delta^3_{\nu13})\vartheta;$$
$$\theta^3_{\nu14}(\eta-1)\leqslant 0.5-\nu_{14}\leqslant\theta^3_{\nu14}(1-\eta);-(\theta^3_{\nu14}+\delta^3_{\nu14})\vartheta\leqslant 0.5-\nu_{14}\leqslant(\theta^3_{\nu14}+\delta^3_{\nu14})\vartheta;$$
$$\theta^3_{\nu15}(\eta-1)\leqslant 0.5-\nu_{15}\leqslant\theta^3_{\nu15}(1-\eta);-(\theta^3_{\nu15}+\delta^3_{\nu15})\vartheta\leqslant 0.5-\nu_{15}\leqslant(\theta^3_{\nu15}+\delta^3_{\nu15})\vartheta;$$
$$\theta^3_{\nu23}(\eta-1)\leqslant 0.3-\nu_{23}\leqslant\theta^3_{\nu23}(1-\eta);-(\theta^3_{\nu23}+\delta^3_{\nu23})\vartheta\leqslant 0.3-\nu_{23}\leqslant(\theta^3_{\nu23}+\delta^3_{\nu23})\vartheta;$$
$$\theta^3_{\nu24}(\eta-1)\leqslant 0.4-\nu_{24}\leqslant\theta^3_{\nu24}(1-\eta);-(\theta^3_{\nu24}+\delta^3_{\nu24})\vartheta\leqslant 0.4-\nu_{24}\leqslant(\theta^3_{\nu24}+\delta^3_{\nu24})\vartheta;$$
$$\theta^3_{\nu25}(\eta-1)\leqslant 0.2-\nu_{25}\leqslant\theta^3_{\nu25}(1-\eta);-(\theta^3_{\nu25}+\delta^3_{\nu25})\vartheta\leqslant 0.2-\nu_{25}\leqslant(\theta^3_{\nu25}+\delta^3_{\nu25})\vartheta;$$
$$\theta^3_{\nu34}(\eta-1)\leqslant 0.7-\nu_{34}\leqslant\theta^3_{\nu34}(1-\eta);-(\theta^3_{\nu34}+\delta^3_{\nu34})\vartheta\leqslant 0.7-\nu_{34}\leqslant(\theta^3_{\nu34}+\delta^3_{\nu34})\vartheta;$$
$$\theta^3_{\nu35}(\eta-1)\leqslant 0.3-\nu_{35}\leqslant\theta^3_{\nu35}(1-\eta);-(\theta^3_{\nu35}+\delta^3_{\nu35})\vartheta\leqslant 0.3-\nu_{35}\leqslant(\theta^3_{\nu35}+\delta^3_{\nu35})\vartheta;$$
$$\theta^3_{\nu45}(\eta-1)\leqslant 0.4-\nu_{45}\leqslant\theta^3_{\nu45}(1-\eta);-(\theta^3_{\nu45}+\delta^3_{\nu45})\vartheta\leqslant 0.4-\nu_{45}\leqslant(\theta^3_{\nu45}+\delta^3_{\nu45})\vartheta;$$
$$\eta\geqslant\vartheta,\vartheta\geqslant 0,\ \eta+\vartheta\leqslant 1;w_1+w_2+w_3=1,w_k\geqslant 0,k=1,2,3. \tag{A.2}$$

$$
\begin{aligned}
&\max\{\eta-\vartheta\}\\
&\text{s.t.}\\
&\theta_{\mu12}^1(\eta-1)\leqslant 0.6001-\mu_{12}\leqslant\theta_{\mu12}^1(1-\eta);\\
&-[\theta_{\mu12}^1+\lambda_{\mu12}^1(\vartheta-1)]\leqslant 0.6001-\mu_{12}\leqslant\theta_{\mu12}^1+\lambda_{\mu12}^1(\vartheta-1);\\
&\theta_{\mu13}^1(\eta-1)\leqslant 0.3-\mu_{13}\leqslant\theta_{\mu13}^1(1-\eta);\\
&-[\theta_{\mu13}^1+\lambda_{\mu13}^1(\vartheta-1)]\leqslant 0.3-\mu_{13}\leqslant\theta_{\mu13}^1+\lambda_{\mu13}^1(\vartheta-1);\\
&\theta_{\mu14}^1(\eta-1)\leqslant 0.6-\mu_{14}\leqslant\theta_{\mu14}^1(1-\eta);\\
&-[\theta_{\mu14}^1+\lambda_{\mu14}^1(\vartheta-1)]\leqslant 0.6-\mu_{14}\leqslant\theta_{\mu14}^1+\lambda_{\mu14}^1(\vartheta-1);\\
&\theta_{\mu15}^1(\eta-1)\leqslant 0.5-\mu_{15}\leqslant\theta_{\mu15}^1(1-\eta);\\
&-[\theta_{\mu15}^1+\lambda_{\mu15}^1(\vartheta-1)]\leqslant 0.5-\mu_{15}\leqslant\theta_{\mu15}^1+\lambda_{\mu15}^1(\vartheta-1);\\
&\theta_{\mu23}^1(\eta-1)\leqslant 0.4-\mu_{23}\leqslant\theta_{\mu23}^1(1-\eta);\\
&-[\theta_{\mu23}^1+\lambda_{\mu23}^1(\vartheta-1)]\leqslant 0.4-\mu_{23}\leqslant\theta_{\mu23}^1+\lambda_{\mu23}^1(\vartheta-1);\\
&\theta_{\mu24}^1(\eta-1)\leqslant 0.5-\mu_{24}\leqslant\theta_{\mu24}^1(1-\eta);\\
&-[\theta_{\mu24}^1+\lambda_{\mu24}^1(\vartheta-1)]\leqslant 0.5-\mu_{24}\leqslant\theta_{\mu24}^1+\lambda_{\mu24}^1(\vartheta-1);\\
&\theta_{\mu25}^1(\eta-1)\leqslant 0.6-\mu_{25}\leqslant\theta_{\mu25}^1(1-\eta);\\
&-[\theta_{\mu25}^1+\lambda_{\mu25}^1(\vartheta-1)]\leqslant 0.6-\mu_{25}\leqslant\theta_{\mu25}^1+\lambda_{\mu25}^1(\vartheta-1);\\
&\theta_{\mu34}^1(\eta-1)\leqslant 0.4-\mu_{34}\leqslant\theta_{\mu34}^1(1-\eta);\\
&-[\theta_{\mu34}^1+\lambda_{\mu34}^1(\vartheta-1)]\leqslant 0.4-\mu_{34}\leqslant\theta_{\mu34}^1+\lambda_{\mu34}^1(\vartheta-1);\\
&\theta_{\mu35}^1(\eta-1)\leqslant 0.2-\mu_{35}\leqslant\theta_{\mu35}^1(1-\eta);\\
&-[\theta_{\mu35}^1+\lambda_{\mu35}^1(\vartheta-1)]\leqslant 0.2-\mu_{35}\leqslant\theta_{\mu35}^1+\lambda_{\mu35}^1(\vartheta-1);\\
&\theta_{\mu45}^1(\eta-1)\leqslant 0.3-\mu_{45}\leqslant\theta_{\mu45}^1(1-\eta);\\
&-[\theta_{\mu45}^1+\lambda_{\mu45}^1(\vartheta-1)]\leqslant 0.3-\mu_{45}\leqslant\theta_{\mu45}^1+\lambda_{\mu45}^1(\vartheta-1);\\
&\theta_{\nu12}^1(\eta-1)\leqslant 0.2999-\nu_{12}\leqslant\theta_{\nu12}^1(1-\eta);\\
&-[\theta_{\nu12}^1+\lambda_{\nu12}^1(\vartheta-1)]\leqslant 0.2999-\nu_{12}\leqslant\theta_{\nu12}^1+\lambda_{\nu12}^1(\vartheta-1);\\
&\theta_{\nu13}^1(\eta-1)\leqslant 0.6-\nu_{13}\leqslant\theta_{\nu13}^1(1-\eta);\\
&-[\theta_{\nu13}^1+\lambda_{\nu13}^1(\vartheta-1)]\leqslant 0.6-\nu_{13}\leqslant\theta_{\nu13}^1+\lambda_{\nu13}^1(\vartheta-1);\\
&\theta_{\nu14}^1(\eta-1)\leqslant 0.2-\nu_{14}\leqslant\theta_{\nu14}^1(1-\eta);\\
&-[\theta_{\nu14}^1+\lambda_{\nu14}^1(\vartheta-1)]\leqslant 0.2-\nu_{14}\leqslant\theta_{\nu14}^1+\lambda_{\nu14}^1(\vartheta-1);\\
&\theta_{\nu15}^1(\eta-1)\leqslant 0.4-\nu_{15}\leqslant\theta_{\nu15}^1(1-\eta);\\
&-[\theta_{\nu15}^1+\lambda_{\nu15}^1(\vartheta-1)]\leqslant 0.4-\nu_{15}\leqslant\theta_{\nu15}^1+\lambda_{\nu15}^1(\vartheta-1);\\
&\theta_{\nu23}^1(\eta-1)\leqslant 0.6-\nu_{23}\leqslant\theta_{\nu23}^1(1-\eta);\\
&-[\theta_{\nu23}^1+\lambda_{\nu23}^1(\vartheta-1)]\leqslant 0.6-\nu_{23}\leqslant\theta_{\nu23}^1+\lambda_{\nu23}^1(\vartheta-1);\\
&\theta_{\nu24}^1(\eta-1)\leqslant 0.3-\nu_{24}\leqslant\theta_{\nu24}^1(1-\eta);\\
&-[\theta_{\nu24}^1+\lambda_{\nu24}^1(\vartheta-1)]\leqslant 0.3-\nu_{24}\leqslant\theta_{\nu24}^1+\lambda_{\nu24}^1(\vartheta-1);
\end{aligned}
$$

$$\theta_{\nu25}^{1}(\eta-1)\leqslant 0.3-\nu_{25}\leqslant\theta_{\nu25}^{1}(1-\eta);$$
$$-[\theta_{\nu25}^{1}+\lambda_{\nu25}^{1}(\vartheta-1)]\leqslant 0.3-\nu_{25}\leqslant\theta_{\nu25}^{1}+\lambda_{\nu25}^{1}(\vartheta-1);$$
$$\theta_{\nu34}^{1}(\eta-1)\leqslant 0.3-\nu_{34}\leqslant\theta_{\nu34}^{1}(1-\eta);$$
$$-[\theta_{\nu34}^{1}+\lambda_{\nu34}^{1}(\vartheta-1)]\leqslant 0.3-\nu_{34}\leqslant\theta_{\nu34}^{1}+\lambda_{\nu34}^{1}(\vartheta-1);$$
$$\theta_{\nu35}^{1}(\eta-1)\leqslant 0.5-\nu_{35}\leqslant\theta_{\nu35}^{1}(1-\eta);$$
$$-[\theta_{\nu35}^{1}+\lambda_{\nu35}^{1}(\vartheta-1)]\leqslant 0.5-\nu_{35}\leqslant\theta_{\nu35}^{1}+\lambda_{\nu35}^{1}(\vartheta-1);$$
$$\theta_{\nu45}^{1}(\eta-1)\leqslant 0.6-\nu_{45}\leqslant\theta_{\nu45}^{1}(1-\eta);$$
$$-[\theta_{\nu45}^{1}+\lambda_{\nu45}^{1}(\vartheta-1)]\leqslant 0.6-\nu_{45}\leqslant\theta_{\nu45}^{1}+\lambda_{\nu45}^{1}(\vartheta-1);$$
$$\theta_{\mu12}^{2}(\eta-1)\leqslant 0.4001-\mu_{12}\leqslant\theta_{\mu12}^{2}(1-\eta);$$
$$-[\theta_{\mu12}^{2}+\lambda_{\mu12}^{2}(\vartheta-1)]\leqslant 0.4001-\mu_{12}\leqslant\theta_{\mu12}^{2}+\lambda_{\mu12}^{2}(\vartheta-1);$$
$$\theta_{\mu13}^{2}(\eta-1)\leqslant 0.5-\mu_{13}\leqslant\theta_{\mu13}^{2}(1-\eta);$$
$$-[\theta_{\mu13}^{2}+\lambda_{\mu13}^{2}(\vartheta-1)]\leqslant 0.5-\mu_{13}\leqslant\theta_{\mu13}^{2}+\lambda_{\mu13}^{2}(\vartheta-1);$$
$$\theta_{\mu14}^{2}(\eta-1)\leqslant 0.4-\mu_{14}\leqslant\theta_{\mu14}^{2}(1-\eta);$$
$$-[\theta_{\mu14}^{2}+\lambda_{\mu14}^{2}(\vartheta-1)]\leqslant 0.4-\mu_{14}\leqslant\theta_{\mu14}^{2}+\lambda_{\mu14}^{2}(\vartheta-1);$$
$$\theta_{\mu15}^{2}(\eta-1)\leqslant 0.7-\mu_{15}\leqslant\theta_{\mu15}^{2}(1-\eta);$$
$$-[\theta_{\mu15}^{2}+\lambda_{\mu15}^{2}(\vartheta-1)]\leqslant 0.7-\mu_{15}\leqslant\theta_{\mu15}^{2}+\lambda_{\mu15}^{2}(\vartheta-1);$$
$$\theta_{\mu23}^{2}(\eta-1)\leqslant 0.3-\mu_{23}\leqslant\theta_{\mu23}^{2}(1-\eta);$$
$$-[\theta_{\mu23}^{2}+\lambda_{\mu23}^{2}(\vartheta-1)]\leqslant 0.3-\mu_{23}\leqslant\theta_{\mu23}^{2}+\lambda_{\mu23}^{2}(\vartheta-1);$$
$$\theta_{\mu24}^{2}(\eta-1)\leqslant 0.3-\mu_{24}\leqslant\theta_{\mu24}^{2}(1-\eta);$$
$$-[\theta_{\mu24}^{2}+\lambda_{\mu24}^{2}(\vartheta-1)]\leqslant 0.3-\mu_{24}\leqslant\theta_{\mu24}^{2}+\lambda_{\mu24}^{2}(\vartheta-1);$$
$$\theta_{\mu25}^{2}(\eta-1)\leqslant 0.4-\mu_{25}\leqslant\theta_{\mu25}^{2}(1-\eta);$$
$$-[\theta_{\mu25}^{2}+\lambda_{\mu25}^{2}(\vartheta-1)]\leqslant 0.4-\mu_{25}\leqslant\theta_{\mu25}^{2}+\lambda_{\mu25}^{2}(\vartheta-1);$$
$$\theta_{\mu34}^{2}(\eta-1)\leqslant 0.6-\mu_{34}\leqslant\theta_{\mu34}^{2}(1-\eta);$$
$$-[\theta_{\mu34}^{2}+\lambda_{\mu34}^{2}(\vartheta-1)]\leqslant 0.6-\mu_{34}\leqslant\theta_{\mu34}^{2}+\lambda_{\mu34}^{2}(\vartheta-1);$$
$$\theta_{\mu35}^{2}(\eta-1)\leqslant 0.5-\mu_{35}\leqslant\theta_{\mu35}^{2}(1-\eta);$$
$$-[\theta_{\mu35}^{2}+\lambda_{\mu35}^{2}(\vartheta-1)]\leqslant 0.5-\mu_{35}\leqslant\theta_{\mu35}^{2}+\lambda_{\mu35}^{2}(\vartheta-1);$$
$$\theta_{\mu45}^{2}(\eta-1)\leqslant 0.6-\mu_{45}\leqslant\theta_{\mu45}^{2}(1-\eta);$$
$$-[\theta_{\mu45}^{2}+\lambda_{\mu45}^{2}(\vartheta-1)]\leqslant 0.6-\mu_{45}\leqslant\theta_{\mu45}^{2}+\lambda_{\mu45}^{2}(\vartheta-1);$$
$$\theta_{\nu12}^{2}(\eta-1)\leqslant 0.3999-\nu_{12}\leqslant\theta_{\nu12}^{2}(1-\eta);$$
$$-[\theta_{\nu12}^{2}+\lambda_{\nu12}^{2}(\vartheta-1)]\leqslant 0.3999-\nu_{12}\leqslant\theta_{\nu12}^{2}+\lambda_{\nu12}^{2}(\vartheta-1);$$
$$\theta_{\nu13}^{2}(\eta-1)\leqslant 0.2-\nu_{13}\leqslant\theta_{\nu13}^{2}(1-\eta);$$
$$-[\theta_{\nu13}^{2}+\lambda_{\nu13}^{2}(\vartheta-1)]\leqslant 0.2-\nu_{13}\leqslant\theta_{\nu13}^{2}+\lambda_{\nu13}^{2}(\vartheta-1);$$
$$\theta_{\nu14}^{2}(\eta-1)\leqslant 0.5-\nu_{14}\leqslant\theta_{\nu14}^{2}(1-\eta);$$
$$-[\theta_{\nu14}^{2}+\lambda_{\nu14}^{2}(\vartheta-1)]\leqslant 0.5-\nu_{14}\leqslant\theta_{\nu14}^{2}+\lambda_{\nu14}^{2}(\vartheta-1);$$

$$\theta_{\nu15}^2(\eta-1)\leqslant 0.3-\nu_{15}\leqslant \theta_{\nu15}^2(1-\eta);$$
$$-[\theta_{\nu15}^2+\lambda_{\nu15}^2(\vartheta-1)]\leqslant 0.3-\nu_{15}\leqslant \theta_{\nu15}^2+\lambda_{\nu15}^2(\vartheta-1);$$
$$\theta_{\nu23}^2(\eta-1)\leqslant 0.5-\nu_{23}\leqslant \theta_{\nu23}^2(1-\eta);$$
$$-[\theta_{\nu23}^2+\lambda_{\nu23}^2(\vartheta-1)]\leqslant 0.5-\nu_{23}\leqslant \theta_{\nu23}^2+\lambda_{\nu23}^2(\vartheta-1);$$
$$\theta_{\nu24}^2(\eta-1)\leqslant 0.6-\nu_{24}\leqslant \theta_{\nu24}^2(1-\eta);$$
$$-[\theta_{\nu24}^2+\lambda_{\nu24}^2(\vartheta-1)]\leqslant 0.6-\nu_{24}\leqslant \theta_{\nu24}^2+\lambda_{\nu24}^2(\vartheta-1);$$
$$\theta_{\nu25}^2(\eta-1)\leqslant 0.6-\nu_{25}\leqslant \theta_{\nu25}^2(1-\eta);$$
$$-[\theta_{\nu25}^2+\lambda_{\nu25}^2(\vartheta-1)]\leqslant 0.6-\nu_{25}\leqslant \theta_{\nu25}^2+\lambda_{\nu25}^2(\vartheta-1);$$
$$\theta_{\nu34}^2(\eta-1)\leqslant 0.2-\nu_{34}\leqslant \theta_{\nu34}^2(1-\eta);$$
$$-[\theta_{\nu34}^2+\lambda_{\nu34}^2(\vartheta-1)]\leqslant 0.2-\nu_{34}\leqslant \theta_{\nu34}^2+\lambda_{\nu34}^2(\vartheta-1);$$
$$\theta_{\nu35}^2(\eta-1)\leqslant 0.4-\nu_{35}\leqslant \theta_{\nu35}^2(1-\eta);$$
$$-[\theta_{\nu35}^2+\lambda_{\nu35}^2(\vartheta-1)]\leqslant 0.4-\nu_{35}\leqslant \theta_{\nu35}^2+\lambda_{\nu35}^2(\vartheta-1);$$
$$\theta_{\nu45}^2(\eta-1)\leqslant 0.3-\nu_{45}\leqslant \theta_{\nu45}^2(1-\eta);$$
$$-[\theta_{\nu45}^2+\lambda_{\nu45}^2(\vartheta-1)]\leqslant 0.3-\nu_{45}\leqslant \theta_{\nu45}^2+\lambda_{\nu45}^2(\vartheta-1);$$
$$\theta_{\mu12}^3(\eta-1)\leqslant 0.2001-\mu_{12}\leqslant \theta_{\mu12}^3(1-\eta);$$
$$-[\theta_{\mu12}^3+\lambda_{\mu12}^3(\vartheta-1)]\leqslant 0.2001-\mu_{12}\leqslant \theta_{\mu12}^3+\lambda_{\mu12}^3(\vartheta-1);$$
$$\theta_{\mu13}^3(\eta-1)\leqslant 0.5-\mu_{13}\leqslant \theta_{\mu13}^3(1-\eta);$$
$$-[\theta_{\mu13}^3+\lambda_{\mu13}^3(\vartheta-1)]\leqslant 0.5-\mu_{13}\leqslant \theta_{\mu13}^3+\lambda_{\mu13}^3(\vartheta-1);$$
$$\theta_{\mu14}^3(\eta-1)\leqslant 0.3-\mu_{14}\leqslant \theta_{\mu14}^3(1-\eta);$$
$$-[\theta_{\mu14}^3+\lambda_{\mu14}^3(\vartheta-1)]\leqslant 0.3-\mu_{14}\leqslant \theta_{\mu14}^3+\lambda_{\mu14}^3(\vartheta-1);$$
$$\theta_{\mu15}^3(\eta-1)\leqslant 0.4-\mu_{15}\leqslant \theta_{\mu15}^3(1-\eta);$$
$$-[\theta_{\mu15}^3+\lambda_{\mu15}^3(\vartheta-1)]\leqslant 0.4-\mu_{15}\leqslant \theta_{\mu15}^3+\lambda_{\mu15}^3(\vartheta-1);$$
$$\theta_{\mu23}^3(\eta-1)\leqslant 0.7-\mu_{23}\leqslant \theta_{\mu23}^3(1-\eta);$$
$$-[\theta_{\mu23}^3+\lambda_{\mu23}^3(\vartheta-1)]\leqslant 0.7-\mu_{23}\leqslant \theta_{\mu23}^3+\lambda_{\mu23}^3(\vartheta-1);$$
$$\theta_{\mu24}^3(\eta-1)\leqslant 0.4-\mu_{24}\leqslant \theta_{\mu24}^3(1-\eta);$$
$$-[\theta_{\mu24}^3+\lambda_{\mu24}^3(\vartheta-1)]\leqslant 0.4-\mu_{24}\leqslant \theta_{\mu24}^3+\lambda_{\mu24}^3(\vartheta-1);$$
$$\theta_{\mu25}^3(\eta-1)\leqslant 0.7-\mu_{25}\leqslant \theta_{\mu25}^3(1-\eta);$$
$$-[\theta_{\mu25}^3+\lambda_{\mu25}^3(\vartheta-1)]\leqslant 0.7-\mu_{25}\leqslant \theta_{\mu25}^3+\lambda_{\mu25}^3(\vartheta-1);$$
$$\theta_{\mu34}^3(\eta-1)\leqslant 0.2-\mu_{34}\leqslant \theta_{\mu34}^3(1-\eta);$$
$$-[\theta_{\mu34}^3+\lambda_{\mu34}^3(\vartheta-1)]\leqslant 0.2-\mu_{34}\leqslant \theta_{\mu34}^3+\lambda_{\mu34}^3(\vartheta-1);$$
$$\theta_{\mu35}^3(\eta-1)\leqslant 0.4-\mu_{35}\leqslant \theta_{\mu35}^3(1-\eta);$$
$$-[\theta_{\mu35}^3+\lambda_{\mu35}^3(\vartheta-1)]\leqslant 0.4-\mu_{35}\leqslant \theta_{\mu35}^3+\lambda_{\mu35}^3(\vartheta-1);$$
$$\theta_{\mu45}^3(\eta-1)\leqslant 0.5-\mu_{45}\leqslant \theta_{\mu45}^3(1-\eta);$$
$$-[\theta_{\mu45}^3+\lambda_{\mu45}^3(\vartheta-1)]\leqslant 0.5-\mu_{45}\leqslant \theta_{\mu45}^3+\lambda_{\mu45}^3(\vartheta-1);$$

$\theta_{\nu 12}^3(\eta-1) \leqslant 0.5999-\nu_{12} \leqslant \theta_{\nu 12}^3(1-\eta);$
$-[\theta_{\nu 12}^3+\lambda_{\nu 12}^3(\vartheta-1)] \leqslant 0.5999-\nu_{12} \leqslant \theta_{\nu 12}^3+\lambda_{\nu 12}^3(\vartheta-1);$
$\theta_{\nu 13}^3(\eta-1) \leqslant 0.3-\nu_{13} \leqslant \theta_{\nu 13}^3(1-\eta);$
$-[\theta_{\nu 13}^3+\lambda_{\nu 13}^3(\vartheta-1)] \leqslant 0.3-\nu_{13} \leqslant \theta_{\nu 13}^3+\lambda_{\nu 13}^3(\vartheta-1);$
$\theta_{\nu 14}^3(\eta-1) \leqslant 0.5-\nu_{14} \leqslant \theta_{\nu 14}^3(1-\eta);$
$-[\theta_{\nu 14}^3+\lambda_{\nu 14}^3(\vartheta-1)] \leqslant 0.5-\nu_{14} \leqslant \theta_{\nu 14}^3+\lambda_{\nu 14}^3(\vartheta-1);$
$\theta_{\nu 15}^3(\eta-1) \leqslant 0.5-\nu_{15} \leqslant \theta_{\nu 15}^3(1-\eta);$
$-[\theta_{\nu 15}^3+\lambda_{\nu 15}^3(\vartheta-1)] \leqslant 0.5-\nu_{15} \leqslant \theta_{\nu 15}^3+\lambda_{\nu 15}^3(\vartheta-1);$
$\theta_{\nu 23}^3(\eta-1) \leqslant 0.3-\nu_{23} \leqslant \theta_{\nu 23}^3(1-\eta);$
$-[\theta_{\nu 23}^3+\lambda_{\nu 23}^3(\vartheta-1)] \leqslant 0.3-\nu_{23} \leqslant \theta_{\nu 23}^3+\lambda_{\nu 23}^3(\vartheta-1);$
$\theta_{\nu 24}^3(\eta-1) \leqslant 0.4-\nu_{24} \leqslant \theta_{\nu 24}^3(1-\eta);$
$-[\theta_{\nu 24}^3+\lambda_{\nu 24}^3(\vartheta-1)] \leqslant 0.4-\nu_{24} \leqslant \theta_{\nu 24}^3+\lambda_{\nu 24}^3(\vartheta-1);$
$\theta_{\nu 25}^3(\eta-1) \leqslant 0.2-\nu_{25} \leqslant \theta_{\nu 25}^3(1-\eta);$
$-[\theta_{\nu 25}^3+\lambda_{\nu 25}^3(\vartheta-1)] \leqslant 0.2-\nu_{25} \leqslant \theta_{\nu 25}^3+\lambda_{\nu 25}^3(\vartheta-1);$
$\theta_{\nu 34}^3(\eta-1) \leqslant 0.7-\nu_{34} \leqslant \theta_{\nu 34}^3(1-\eta);$
$-[\theta_{\nu 34}^3+\lambda_{\nu 34}^3(\vartheta-1)] \leqslant 0.7-\nu_{34} \leqslant \theta_{\nu 34}^3+\lambda_{\nu 34}^3(\vartheta-1);$
$\theta_{\nu 35}^3(\eta-1) \leqslant 0.3-\nu_{35} \leqslant \theta_{\nu 35}^3(1-\eta);$
$-[\theta_{\nu 35}^3+\lambda_{\nu 35}^3(\vartheta-1)] \leqslant 0.3-\nu_{35} \leqslant \theta_{\nu 35}^3+\lambda_{\nu 35}^3(\vartheta-1);$
$\theta_{\nu 45}^3(\eta-1) \leqslant 0.4-\nu_{45} \leqslant \theta_{\nu 45}^3(1-\eta);$
$-[\theta_{\nu 45}^3+\lambda_{\nu 45}^3(\vartheta-1)] \leqslant 0.4-\nu_{45} \leqslant \theta_{\nu 45}^3+\lambda_{\nu 45}^3(\vartheta-1);$
$\eta \geqslant \vartheta,\ \vartheta \geqslant 0, \eta+\vartheta \leqslant 1; w_1+w_2+w_3=1, w_k \geqslant 0, k=1,2,3.$
$\theta_{\mu 45}^3(\eta-1) \leqslant 0.5-\mu_{45} \leqslant \theta_{\mu 45}^3(1-\eta);$
$-[\theta_{\mu 45}^3+\lambda_{\mu 45}^3(\vartheta-1)] \leqslant 0.5-\mu_{45} \leqslant \theta_{\mu 45}^3+\lambda_{\mu 45}^3(\vartheta-1);$
$\theta_{\nu 12}^3(\eta-1) \leqslant 0.5999-\nu_{12} \leqslant \theta_{\nu 12}^3(1-\eta);$
$-[\theta_{\nu 12}^3+\lambda_{\nu 12}^3(\vartheta-1)] \leqslant 0.5999-\nu_{12} \leqslant \theta_{\nu 12}^3+\lambda_{\nu 12}^3(\vartheta-1);$
$\theta_{\nu 13}^3(\eta-1) \leqslant 0.3-\nu_{13} \leqslant \theta_{\nu 13}^3(1-\eta);$
$-[\theta_{\nu 13}^3+\lambda_{\nu 13}^3(\vartheta-1)] \leqslant 0.3-\nu_{13} \leqslant \theta_{\nu 13}^3+\lambda_{\nu 13}^3(\vartheta-1);$
$\theta_{\nu 14}^3(\eta-1) \leqslant 0.5-\nu_{14} \leqslant \theta_{\nu 14}^3(1-\eta);$
$-[\theta_{\nu 14}^3+\lambda_{\nu 14}^3(\vartheta-1)] \leqslant 0.5-\nu_{14} \leqslant \theta_{\nu 14}^3+\lambda_{\nu 14}^3(\vartheta-1);$
$\theta_{\nu 15}^3(\eta-1) \leqslant 0.5-\nu_{15} \leqslant \theta_{\nu 15}^3(1-\eta);$
$-[\theta_{\nu 15}^3+\lambda_{\nu 15}^3(\vartheta-1)] \leqslant 0.5-\nu_{15} \leqslant \theta_{\nu 15}^3+\lambda_{\nu 15}^3(\vartheta-1);$
$\theta_{\nu 23}^3(\eta-1) \leqslant 0.3-\nu_{23} \leqslant \theta_{\nu 23}^3(1-\eta);$
$-[\theta_{\nu 23}^3+\lambda_{\nu 23}^3(\vartheta-1)] \leqslant 0.3-\nu_{23} \leqslant \theta_{\nu 23}^3+\lambda_{\nu 23}^3(\vartheta-1);$
$\theta_{\nu 24}^3(\eta-1) \leqslant 0.4-\nu_{24} \leqslant \theta_{\nu 24}^3(1-\eta);$
$-[\theta_{\nu 24}^3+\lambda_{\nu 24}^3(\vartheta-1)] \leqslant 0.4-\nu_{24} \leqslant \theta_{\nu 24}^3+\lambda_{\nu 24}^3(\vartheta-1);$

$$
\begin{aligned}
&\theta_{\nu 25}^{3}(\eta-1) \leqslant 0.2-\nu_{25} \leqslant \theta_{\nu 25}^{3}(1-\eta);\\
&-[\theta_{\nu 25}^{3}+\lambda_{\nu 25}^{3}(\vartheta-1)] \leqslant 0.2-\nu_{25} \leqslant \theta_{\nu 25}^{3}+\lambda_{\nu 25}^{3}(\vartheta-1);\\
&\theta_{\nu 34}^{3}(\eta-1) \leqslant 0.7-\nu_{34} \leqslant \theta_{\nu 34}^{3}(1-\eta);\\
&-[\theta_{\nu 34}^{3}+\lambda_{\nu 34}^{3}(\vartheta-1)] \leqslant 0.7-\nu_{34} \leqslant \theta_{\nu 34}^{3}+\lambda_{\nu 34}^{3}(\vartheta-1);\\
&\theta_{\nu 35}^{3}(\eta-1) \leqslant 0.3-\nu_{35} \leqslant \theta_{\nu 35}^{3}(1-\eta);\\
&-[\theta_{\nu 35}^{3}+\lambda_{\nu 35}^{3}(\vartheta-1)] \leqslant 0.3-\nu_{35} \leqslant \theta_{\nu 35}^{3}+\lambda_{\nu 35}^{3}(\vartheta-1);\\
&\theta_{\nu 45}^{3}(\eta-1) \leqslant 0.4-\nu_{45} \leqslant \theta_{\nu 45}^{3}(1-\eta);\\
&-[\theta_{\nu 45}^{3}+\lambda_{\nu 45}^{3}(\vartheta-1)] \leqslant 0.4-\nu_{45} \leqslant \theta_{\nu 45}^{3}+\lambda_{\nu 45}^{3}(\vartheta-1);\\
&\eta \geqslant \vartheta,\ \vartheta \geqslant 0, \eta+\vartheta \leqslant 1; w_1+w_2+w_3=1, w_k \geqslant 0, k=1,2,3.\\
&\theta_{\nu 24}^{3}(\eta-1) \leqslant 0.4-\nu_{24} \leqslant \theta_{\nu 24}^{3}(1-\eta);\\
&-[\theta_{\nu 24}^{3}+\lambda_{\nu 24}^{3}(\vartheta-1)] \leqslant 0.4-\nu_{24} \leqslant \theta_{\nu 24}^{3}+\lambda_{\nu 24}^{3}(\vartheta-1);\\
&\theta_{\nu 25}^{3}(\eta-1) \leqslant 0.2-\nu_{25} \leqslant \theta_{\nu 25}^{3}(1-\eta);\\
&-[\theta_{\nu 25}^{3}+\lambda_{\nu 25}^{3}(\vartheta-1)] \leqslant 0.2-\nu_{25} \leqslant \theta_{\nu 25}^{3}+\lambda_{\nu 25}^{3}(\vartheta-1);\\
&\theta_{\nu 34}^{3}(\eta-1) \leqslant 0.7-\nu_{34} \leqslant \theta_{\nu 34}^{3}(1-\eta);\\
&-[\theta_{\nu 34}^{3}+\lambda_{\nu 34}^{3}(\vartheta-1)] \leqslant 0.7-\nu_{34} \leqslant \theta_{\nu 34}^{3}+\lambda_{\nu 34}^{3}(\vartheta-1);\\
&\theta_{\nu 35}^{3}(\eta-1) \leqslant 0.3-\nu_{35} \leqslant \theta_{\nu 35}^{3}(1-\eta);\\
&-[\theta_{\nu 35}^{3}+\lambda_{\nu 35}^{3}(\vartheta-1)] \leqslant 0.3-\nu_{35} \leqslant \theta_{\nu 35}^{3}+\lambda_{\nu 35}^{3}(\vartheta-1);\\
&\theta_{\nu 45}^{3}(\eta-1) \leqslant 0.4-\nu_{45} \leqslant \theta_{\nu 45}^{3}(1-\eta);\\
&-[\theta_{\nu 45}^{3}+\lambda_{\nu 45}^{3}(\vartheta-1)] \leqslant 0.4-\nu_{45} \leqslant \theta_{\nu 45}^{3}+\lambda_{\nu 45}^{3}(\vartheta-1);\\
&\eta \geqslant \vartheta,\ \vartheta \geqslant 0, \eta+\vartheta \leqslant 1; w_1+w_2+w_3=1, w_k \geqslant 0, k=1,2,3.
\end{aligned}
\tag{A.3}
$$

《模糊数学与系统及其应用丛书》已出版书目

(按出版时间排序)

1 犹豫模糊集理论及应用 2018. 2 徐泽水 赵 华 著

2 聚合函数及其应用 2019.2 覃 锋 著

3 逻辑代数上的非概率测度 2019.3 辛小龙 王军涛 杨 将 著

4 直觉模糊偏好关系群决策理论与方法 2019.11 万树平 王 枫 董九英 著